"十二五"职业教育国家规划教材

数字媒体技术基础

曾祥民　主　编

赵一阳　丁　男　王　涛　副主编

U0256567

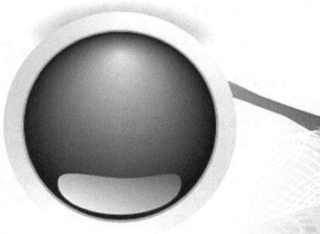

电子工业出版社

Publishing House of Electronics Industry

北京·BEIJING

内 容 简 介

本书根据教育部颁发的《中等职业学校专业教学标准（试行）信息技术类（第一辑）》中的相关教学内容和要求编写。本书的编写从满足经济发展对高素质劳动者和技能型人才的需求出发，在课程结构、教学内容、教学方法等方面进行了新的探索与改革创新，以利于学生更好地掌握本课程的内容，利于学生理论知识的掌握和实际操作技能的提高。

本书共分5章，分别是：数字图像处理技术、数字文本技术、数字音频技术、数字视频技术和数字动画设计。本书并不着力去介绍工具的具体功能，而是以数字媒体制作技术实践任务为依托，通过任务驱动的方式，促进学习者的学习。让学习者在完成任务的过程中，巩固基础知识，锻炼实践技能，启发创作思维，掌握制作理念，获得解决实际问题的能力。

本书是数字媒体技术应用专业的专业核心课程教材，也可作为各类数字媒体技术培训班的教材，还可以供数字媒体方向入门人员参考学习。

本书配有教学指南、电子教案和案例素材，详见前言。

图书在版编目（CIP）数据

数字媒体技术基础 / 曾祥民主编. —北京：电子工业出版社，2016.10

ISBN 978-7-121-24865-8

Ⅰ. ①数… Ⅱ. ①曾… Ⅲ. ①数字技术—多媒体技术—中等专业学校—教材 Ⅳ. ①TP37

中国版本图书馆 CIP 数据核字（2014）第 275108 号

策划编辑：杨　波
责任编辑：郝黎明
印　　刷：北京虎彩文化传播有限公司
装　　订：北京虎彩文化传播有限公司
出版发行：电子工业出版社
　　　　　北京市海淀区万寿路 173 信箱　邮编　100036
开　　本：787×1 092　1/16　印张：10.75　字数：275.2 千字
版　　次：2016 年 10 月第 1 版
印　　次：2023 年 1 月第 9 次印刷
定　　价：22.00 元

凡所购买电子工业出版社图书有缺损问题，请向购买书店调换。若书店售缺，请与本社发行部联系，联系及邮购电话：（010）88254888，88258888。

质量投诉请发邮件至 zlts@phei.com.cn，盗版侵权举报请发邮件至 dbqq@phei.com.cn。

本书咨询联系方式：（010）88254617，luomn@phei.com.cn。

编审委员会名单

主任委员：

武马群

副主任委员：

王　健　韩立凡　何文生

委　　员：

丁文慧	丁爱萍	于志博	马广月	马永芳	马玥桓	王　帅	王　苒	王　彬
王晓姝	王家青	王皓轩	王新萍	方　伟	方松林	孔祥华	龙天才	龙凯明
卢华东	由相宁	史宪美	史晓云	冯理明	冯雪燕	毕建伟	朱文娟	朱海波
向　华	刘　凌	刘　猛	刘小华	刘天真	关　莹	江永春	许昭霞	孙宏仪
杜　珺	杜宏志	杜秋磊	李　飞	李　娜	李华平	李宇鹏	杨　杰	杨　怡
杨春红	吴　伦	何　琳	佘运祥	邹贵财	沈大林	宋　薇	张　平	张　侨
张　玲	张士忠	张文库	张东义	张兴华	张呈江	张建文	张凌杰	张媛媛
陆　沁	陈　玲	陈　颜	陈丁君	陈天翔	陈观诚	陈佳玉	陈泓吉	陈学平
陈道斌	范铭慧	罗　丹	周　鹤	周海峰	庞　震	赵艳莉	赵晨阳	赵增敏
郝俊华	胡　尹	钟　勤	段　欣	段　标	姜全生	钱　峰	徐　宁	徐　兵
高　强	高　静	郭　荔	郭立红	郭朝勇	黄　彦	黄汉军	黄洪杰	崔长华
崔建成	梁　姗	彭仲昆	葛艳玲	董新春	韩雪涛	韩新洲	曾平驿	曾祥民
温　晞	谢世森	赖福生	谭建伟	戴建耘	魏茂林			

序 | PROLOGUE

当今是一个信息技术主宰的时代，以计算机应用为核心的信息技术已经渗透到人类活动的各个领域，彻底改变着人类传统的生产、工作、学习、交往、生活和思维方式。和语言及数学等能力一样，信息技术应用能力也已成为人们必须掌握的、最为重要的基本能力。职业教育作为国民教育体系和人力资源开发的重要组成部分，信息技术应用能力和计算机相关专业领域专项应用能力的培养，始终是职业教育培养多样化人才，传承技术技能，促进就业创业的重要载体和主要内容。

信息技术的发展，特别是数字媒体、互联网、移动通信等技术的普及应用，使信息技术的应用形态和领域都发生了重大的变化。第一，计算机技术的使用扩展至前所未有的程度，桌面电脑和移动终端（智能手机、平板电脑等）的普及，网络和移动通信技术的发展，使信息的获取、呈现与处理无处不在，人类社会生产、生活的诸多领域已无法脱离信息技术的支持而独立进行。第二，信息媒体处理的数字化衍生出新的信息技术应用领域，如数字影像、计算机平面设计、计算机动漫游戏、虚拟现实等；第三，信息技术与其他业务的应用有机地结合，如与商业、金融、交通、物流、加工制造、工业设计、广告传媒、影视娱乐等结合，形成了一些独立的生态体系，综合信息处理、数据分析、智能控制、媒体创意、网络传播等日益成为当前信息技术的主要应用领域，并诞生了云计算、物联网、大数据、3D 打印等指引未来信息技术应用的发展方向。

信息技术的不断推陈出新及应用领域的综合化和普及化，直接影响着技术、技能型人才的信息技术能力的培养定位，并引领着职业教育领域信息技术或计算机相关专业与课程改革、配套教材的建设，使之不断推陈出新、与时俱进。

2009 年，教育部颁布了《中等职业学校计算机应用基础大纲》，2014 年，教育部在 2010年新修订的专业目录基础上，相继颁布了"计算机应用、数字媒体技术应用、计算机平面设计、计算机动漫与游戏制作、计算机网络技术、网站建设与管理、软件与信息服务、客户信息服务、计算机速录"等 9 个信息技术类相关专业的教学标准，确定了教学实施及核心课程内容的指导意见。本套教材就是以此为依据，结合当前最新的信息技术发展趋势和企业应用案例组织开发和编写的。

本套系列教材的主要特色

● 对计算机专业类相关课程的教学内容进行重新整合

本套教材面向学生的基础应用能力，设定了系统操作、文档编辑、网络使用、数据分析、媒体处理、信息交互、外设与移动设备应用、系统维护维修、综合业务运用等内容；针对专业应用能力，根据专业和职业能力方向的不同，结合企业的具体应用业务规划了教材内容。

● 以岗位工作过程来确定学习任务和目标，综合提升学生的专业能力、过程能力和职位差异能力

本套教材通过工作过程为导向的教学模式和模块化的知识能力整合结构，体现产业需求与专业设置、职业标准与课程内容、生产过程与教学过程、职业资格证书与学历证书、终身学习与职业教育的"五对接"。从学习目标到内容的设计上，本套教材不再仅仅是专业理论内容的复制，而是经由职业岗位实践——工作过程与岗位能力分析——技能知识学习应用内化的学习实训导引和案例。借助知识的重组与技能的强化，达到企业岗位情境和教学内容要求相贯通的课程融合目标。

● 以项目教学和任务案例实训作为主线

本套教材通过项目教学，构建了工作业务的完整流程和岗位能力需求体系。项目的确定应遵循三个基本目标：核心能力的熟练程度，技术更新与延伸的再学习能力，不同业务情境应用的适应性。教材借助以校企合作为基础的实训任务，以应用能力为核心、以案例为线索，通过设立情境、任务解析、引导示范、基础练习、难点解析与知识延伸、能力提升训练和总结评价等环节引领学者在任务的完成过程中积累技能、学习知识，并迁移到不同业务情境的任务解决过程中，使学者在未来可以从容面对不同应用场景的工作岗位。

当前，全国职业教育领域都在深入贯彻全国工作会议精神，学习领会中央领导对职业教育的重要批示，全力加快推进现代职业教育。国务院出台的《加快发展现代职业教育的决定》明确提出要"形成适应发展需求、产教深度融合、中职高职衔接、职业教育与普通教育相互沟通，体现终身教育理念，具有中国特色、世界水平的现代职业教育体系"。现代职业教育体系的建立将带来人才培养模式、教育教学方式和办学体制机制的巨大变革，这无疑给职业院校信息技术应用人才培养提出了新的目标。计算机类相关专业的教学必须要适应改革，始终把握技术发展和技术技能人才培养的最新动向，坚持产教融合、校企合作、工学结合、知行合一，为培养出更多适应产业升级转型和经济发展的高素质职业人才做出更大贡献！

前言 | PREFACE

本书以党的二十大精神为统领，全面贯彻党的教育方针，落实立德树人根本任务，践行社会主义核心价值观，铸魂育人，坚定理想信念，坚定"四个自信"，为中国式现代化全面推进中华民族伟大复兴而培育技能型人才。

为建立健全教育质量保障体系，提高职业教育质量，教育部于 2014 年颁布了中等职业学校专业教学标准（以下简称专业教学标准）。专业教学标准是指导和管理中等职业学校教学工作的主要依据，是保证教育教学质量和人才培养规格的纲领性教学文件。在"教育部办公厅关于公布首批《中等职业学校专业教学标准（试行）》目录的通知"（教职成厅[2014]11 号文）中，强调："专业教学标准是开展专业教学的基本文件，是明确培养目标和规格、组织实施教学、规范教学管理、加强专业建设、开发教材和学习资源的基本依据，是评估教育教学质量的主要标尺，同时也是社会用人单位选用中等职业学校毕业生的重要参考。"

本书特色

为适应职业教育计算机类专业课程改革的要求，本书根据教育部颁发的《中等职业学校专业教学标准（试行） 信息技术类（第一辑）》中的相关教学内容和要求编写。

本书以数字媒体制作技术实践任务为依托，并不着力去介绍工具的具体功能，而是通过任务驱动的方式，促进学习者的学习。让学习者在完成任务的过程中，巩固基础知识，锻炼实践技能，启发创作思维，掌握制作理念，获得解决实际问题的能力。本书的每个章节中都包括不同类型的任务。每个任务都由任务分析、方案设计、操作技术要点、重要知识点解析、操作步骤和课后练习构成。这些环节逐层推进，一步步促进问题的解决，让学习者在参与问题解决过程中，完成数字媒体制作能力的提升。而这些任务类型各不相同，每个任务都是一种学习情境。在差异化的学习情境中，可以让学习者获得全方位的锻炼，促进其综合制作能力的提升。

本书作者

本书由曾祥民主编，赵一阳、丁男、王涛副主编。在完成本书的过程中，辽宁师范大学计算机与信息技术学院数字媒体艺术专业的王朋娇主任，香港科讯交流有限公司的朋友，大连元众创意影视广告公司的同行，对本书提出了很多宝贵的意见和建议，在此表示衷心的感谢。由于编者水平有限，难免有错误和不妥之处，恳请广大读者批评指正。

教学资源

　　为了提高学习效率和教学效果，方便教师教学，作者为本书配备了包括电子教案、教学指南、素材文件、微课，以及习题参考答案等配套的教学资源。请有此需要的读者登录华信教育资源网免费注册后进行下载，有问题时请在网站留言板留言或与电子工业出版社联系（E-mail:hxedu@phei.com.cn）。

编　者

CONTENTS | 目录

第一章

数字图像处理技术

  图像是人类获取和交换信息的主要来源，是视觉的基础，而视觉又是人类重要的感知手段，数字图像处理技术成为诸多领域专家学者研究的工具。数字图像处理是通过计算机软件，将图像信号转变成数字信号并利用计算机进行处理的过程。在本章中主要介绍的是使用 Adobe Photoshop CS 软件对图像进行处理的方法和技术，这个软件可以对图像进行很精细的处理，同时也可做到对图像的美观进行优化。

  早期图像处理的目的是为了改善图像的质量，但是随着数字图像处理技术的不断成熟，人们在追求美观这个最浅层的心愿的同时，也逐渐向更高层次发展，数字化图像处理技术也涉及了生物学、物理学以及医学等领域。现在使用最多的 CT，就是图像处理技术的应用，CT 可以做到对人体各个部位鲜明清晰的图像的断层图像。现今，由于图像处理的信息量变大和精密度的提高，数字图像处理技术已被应用到航空技术、军事制导、公安司法、图像通信、办公自动化等领域。在图像处理的软件中，Adobe Photoshop CS 最为出名，使用最为广泛。它主要处理以像素所构成的数字图像，使用众多的编修和绘图工具，可以有效地对图片进行处理。Adobe Photoshop CS 软件有很多功能，在图像、图形、文字、视频和出版等各方面都有涉及。由于它强大的功能和简捷的操作步骤，大家都很喜欢使用 Adobe Photoshop CS 修图软件对自己需要的图片进行处理。

  Adobe Photoshop CS 常用的图像格式有 PSD、BMP、GIF、PNG、TIFF 和 JPEG 等，但是这些格式的使用往往应用在不同的领域。PSD 是 Adobe Photoshop CS 默认保存文件的格式，可以保留原始图像图层的样式，但无法保存原始文件的操作历史记录。BMP 是 Windows 操作系统专有的图像格式，用于保存位图文件，最高可处理 24 位图像。GIF 格式因其采用 LZW 无损压缩方式，被广泛运用于网络当中。PNG 作为 GIF 的替代品，可以无损压缩图像，并最高支持 244 位图像。TIFF 作为通用文件格式，绝大多数绘画软件、图像编辑软件以及排版软件都支持该格式，并且扫描仪也支持导出该格式的文件。JPEG 和 JPG 一样是一种采用有损压缩方式的文件格式，JPEG 支持位图、索引、灰度和 RGB 模式。

  数字化图像处理技术在本章使用的方法有以下几种。

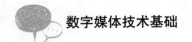

1. 数字化图像的获取

数字化图像的获取首先可以使用热门的抓图软件，如红蜻蜓抓图精灵，使用快捷键来获取自己想要的图像，还可以使用功能齐全的扫描仪对图片进行扫描存储，其次可以使用数码摄像机或者数字照相机进行捕捉、拍摄，再者也可以使用绘图软件创建图像。

2. 数字化图像的处理

数字化图像的处理是使用 Adobe Photoshop CS 软件中的各种修图工具对照片和图像进行编修和处理，使用最多的修图工具是仿制图章工具、魔棒工具、套索工具和钢笔工具等，由于处理的图像的修复方式不同而采用的工具也会有差异，但是各个工具都是交叉使用，共同服务于该软件，使该软件可以更好地处理图像。

3. 数字化图像的合成

数字化图像的合成同样是使用 Adobe Photoshop CS 软件来实现的，大家在处理完自己想要的图像后，使用该软件的工具辅助图像来实现其合成，在合成过程中还要考虑色彩的搭配，最好是使用模糊工具对其效果进行增强，以求逼真。

数字化图像的获取、处理、合成就是实现对图像的数字化操作，本章向读者展示了三个最为常见又容易掌握的任务，可以让读者在了解图像处理技术的同时，去感受 Adobe Photoshop CS 软件带来的独特魅力！读者要用心学习本软件的工具，以此掌握图像处理工具的使用，熟悉和应用数字化图像处理技术！

任务一　获取图像

 任务分析

本任务是为以"我的相机"为主题的电子相册获取图像。为了丰富电子相册的内容，本任务可能用到多种获取图像的方法：使用数码相机、手机等将景象拍摄下来；使用抓图软件截取图像；使用网络搜索图像；从光盘中获取图像；也可以利用扫描仪获取印刷品上的图像。采用多种获取图像的手段，可以丰富电子相册的内容，提升电子相册的表现力。

使用的设备：数码照相机或手机、电脑、扫描仪。

使用的软件：红蜻蜓抓图软件、Photoshop。

 制作方案设计

本任务采用开放式获取图像的方法。最终获取的图像要以"我的相机"为主题，具有创意性和艺术性。获取图像时，首先要明确主题，应用已经掌握的获取图像的技巧，获取想要的图像。具体的制作方案如下：

1. 确定获取图像的主题。

2. 多途径获取图像。

操作技术要点

● Windows 系统的操作
● 数码照相机的使用

● 红蜻蜓抓图软件的使用
● Photoshop 的简单应用
● 扫描仪的使用

 重要知识点解析

1. 数码照相机的使用

数码照相机是获取图像最直接有效的方式。使用数码照相机获取图像时，主要应处理好三大要素：聚焦、曝光和构图。只有正确地处理这三大要素才能拍摄出理想的照片。

（1）聚焦

认清对焦点，先把画面的主体放在中心对焦点，半按快门先完成对焦，如图知识点解析 1 所示，此时按快门的手不要放开，否则对焦会跑掉。把画面的主体移开，完成构图后，如图知识点解析 2 所示，再全按快门，完成拍照。因为之前已经先对焦了，所以焦点不会跑掉。

知识点解析 1 半按快门先完成对焦 　　　　知识点解析 2 完成构图

拍摄时注意手不能晃动，相机的快门不要低于 1/30 秒，如果发现快门值低于 1/30 秒时，则要使用脚架来增加稳定度。

（2）曝光

曝光是拍摄照片的关键因素之一，正确曝光的照片才不会太暗或太亮。当背景亮度大于主体时，比如说背景为一片白色墙壁、白色衣服、白色沙滩或是雪地，如图知识点解析 3 所示，相对要增加曝光值；当背景亮度小于主体时，比如说穿深色衣服，或是背景太暗时，如图知识点解析 4 所示，相对要减小曝光值。此外，闪光灯不是只有晚上才能用，白天适当的时机使用闪光灯，更能增加正确的曝光率。

知识点解析 3 背景亮度大于主体 　　　　知识点解析 4 背景亮度小于主体

（3）构图

构图是拍摄照片的重中之重，合理地构图能够表达出作者的拍摄意图。首先，构图时要注意主体突出。画面要有主次之分，不能杂乱无章。突出主体方法有很多，如明暗对比法，即主体亮背景暗，或相反，如图知识点解析 5 所示。另外还有色彩冷暖对比法、大小对比法等，如图知识点解析 6 所示。其次构图时要注意画面平衡，画面平衡是画面构图的基本要求。简而言之，就是使画面中左右上下的视觉形象不要一边太满，另一边太空；或一边感到太重，另一边又感到太轻。均衡构图给人以稳定、舒适、和谐的感觉。不均衡构图则给人以不稳定、异常的感觉。

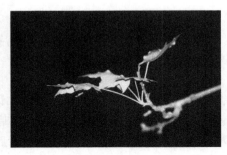

知识点解析 5　明暗对比法　　　　　　　　　　　知识点解析 6　冷暖对比、大小对比法法

2. 红蜻蜓抓图软件的正确使用

红蜻蜓抓图软件是一款专业的屏幕捕捉软件。它能够得心应手地捕捉到需要的屏幕截图，具有多种抓图模式供选择，能抓取光标，并且可以设置抓图延迟时间。操作使用方法非常简单，按下抓图快捷键即可。该软件还具有简单的图像编辑能力，可以对捕捉到的屏幕图片进行裁切、反色及图像大小设置等功能。

使用红蜻蜓抓图软件截取图像时，要先在 Windows 系统中安装该软件。然后打开该软件，设置"捕捉热键"的快捷键，如图知识点解析 7 所示；设置"重复最后捕捉热键"的快捷键，如图知识点解析 8 所示。完成快捷键设置后，根据需要选择截取屏幕的大小，可以选择截取整个屏幕、活动窗口、选定区域、固定区域、选定控件、选定菜单、选定网页、捕捉，如图知识点解析 9 所示。

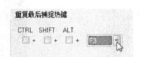

知识点解析 7　设置"捕捉　　　　知识点解析 8　设置"重复最后　　　知识点解析 9　选
　　　　　热键"为 F1　　　　　　　　　　捕捉热键"为 F3　　　　　　择截取屏幕区域

当选择"整个屏幕"截图时，按【F1】键，整个屏幕就截取下来了。当选择"选定区域"截图时，按【F1】键，选择要截取的区域，双击鼠标左键，即可完成截图。

3. Photoshop 的简单应用

Adobe Photoshop，简称"PS"，是由 Adobe 公司开发和发行的图像处理软件。Photoshop

主要处理以像素所构成的数字图像，使用其众多的编修与绘图工具，可以有效地进行图片编辑工作。

（1）启动"Photoshop"软件。

（2）单击"文件"→"打开"命令，打开要处理的图片，如图知识点解析 10 所示。

（3）打开图片后，发现在图片的右下角有 Logo，如图知识点解析 11 所示。

知识点解析 10　打开图片　　　　　　　　　知识点解析 11　图片 Logo

（4）选择工具栏中的"橡皮擦工具"，如图知识点解析 12 所示，将 Logo 擦除。

（5）擦除后的图片效果如图知识点解析 13 所示。

知识点解析 12　橡皮擦工具　　　　知识点解析 13　擦除后的图片

（6）图片处理完成后，单击"文件"→"存储为"命令，如图知识点解析 14 所示；修改文件名，选择图片格式，如图知识点解析 15 所示。

知识点解析 14　存储图片　　　　　　　知识点解析 15　修改文件名并选择图片格式

（7）单击"保存"按钮，如图知识点解析 16 所示，图片保存完成。

知识点解析 16　保存图片

4．扫描仪的使用方法

扫描仪是一种高精度的光电一体化的高科技产品，是一种功能极强的输入设备。它能将各种形式的图像信息输入计算机。从最直接的图片、照片、胶片到各类图纸图形以及各类文稿都可以用扫描仪输入到计算机中，进而实现对这些图像形式信息的处理、管理、使用、存贮和输出等。

使用扫描仪获取印刷品上的图像时，先打开扫描仪上盖，把要扫描的图像面朝下压在下面，盖上扫描仪上盖。然后双击电脑桌面上的"Photoshop"图标，打开 Photoshop 软件，选择"文件"→"导入"→"VIA-EPSON Perfection 1660"菜单命令，如图知识点解析 17 所示，就可导入要扫描的图像。导入后，在弹出的对话框中选择要扫描的图像类型（包括彩色照片、灰度照片、黑白照片或文字、自定义设置），如图知识点解析 18 所示。

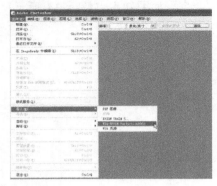

知识点解析 17　导入要扫描的图像

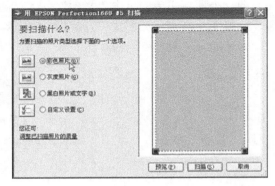

知识点解析 18　选择要扫描的图像类型

选好要扫描的图像类型后，单击"预览"按钮，预先查看要扫描的图像，如图知识点解析 19 所示。通过预览确定要扫描的图像后，单击"扫描"按钮，如图知识点解析 20 所示，完成扫描。

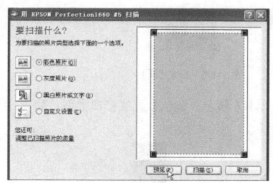

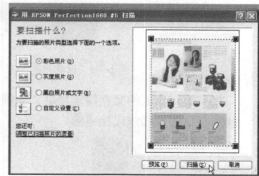

知识点解析 19　预览画面　　　　　　　　　知识点解析 20　扫描按钮

操作步骤　　　　　　　　　　　　　　　　　START

1. 数码照相机或手机拍照

数码照相机和手机，如图 1-1-1 和图 1-1-2 所示，已经成为现代获取图像最常用的设备。它们具备无需胶卷、冲印、即拍即见、便于编辑与传输等优点，避免了胶片放置时间过长引起的图像模糊、偏色等后果。

图 1-1-1　数码照相机　　　　　　　　　图 1-1-2　手机

在使用数码照相机或手机获取图像时，应该遵循以下步骤：

（1）前期准备：确定拍摄主题，准备器材。

（2）打开照相机的开关，如图 1-1-3 所示。

（3）选择"自动模式"，如图 1-1-4 所示。

图 1-1-3　打开照相机开关　　　图 1-1-4　选择"自动模式"

（4）选择"自动对焦"将开关调到 AF 挡，如图 1-1-5 所示，将相机对准要拍摄的主体，调整好构图，半按快门测好光线。

（5）保持相机稳定，按动快门，如图 1-1-16 所示，完成拍照。

图 1-1-5　自动对焦　　　　　图 1-1-6　按动快门

（6）找到数码相机的数据线连接处，如图 1-1-7 所示，确认数据线接口类型，如图 1-1-8 所示，找到合适的数据线连接电脑。

图 1-1-7　数据线连接处（关）　　　　　图 1-1-8　数据线连接处（开）

（7）双击"我的电脑"，然后打开"照相机"，照相机以外置硬盘的形式出现，如图 1-1-9 所示。

（8）选中需要的素材图像，右击，在打开的快捷菜单中选择"复制"命令，如图 1-1-10 所示。

图 1-1-9　我的电脑中的相机存储卡　　　　　图 1-1-10　复制素材图像

（9）将图片粘贴到指定的位置，就可以将照相机中的图像素材导入到电脑中。

2. 截取屏幕获取图像

当所需图像存在于电脑屏幕上时，为了获取图像，可以使用 Windows 中自带的【Print Screen】键完成图像的获取，也可以使用抓图软件获取图像。

第一种：Windows 系统获取图像

获取当前全屏幕图像：在 Windows 中按【Print Screen】键可将当前全屏幕图像复制到剪贴板上，如图 1-1-11 所示。

获取当前活动窗口的图像：按【Alt+Print Screen】组合键可将当前活动窗口的图像复制到

剪贴板上，然后再把剪贴板上的图像粘贴到指定位置，如图 1-1-12 所示。

图 1-1-11　Print Screen 键　　　　　　　图 1-1-12　图像粘贴到剪贴板

第二种：红蜻蜓软件抓图

（1）安装红蜻蜓抓图软件。

（2）单击"选项"→"热键"命令，设置捕捉的快捷键，如图 1-1-13 所示。

（3）设置"重复最后捕捉热键"的快捷键，如图 1-1-14 所示。

（4）快捷键设置好后，选择截取屏幕的大小。可以选择截取整个屏幕、活动窗口、选定区域、固定区域、选定控件、选定菜单、选定网页和捕捉，如图 1-1-15 所示。

（5）选择"整个屏幕"的截图如图 1-1-16 所示。

（6）选择"选定区域"的截图如图 1-1-17 所示。

图 1-1-13　设置捕捉热键　　　图 1-1-14　设置重复最后捕捉热键　　　图 1-1-15　截取区域

图 1-1-16　"整个屏幕"的截图　　　　图 1-1-17　"选定区域"的截图

3. 网上搜索图像

有时候需要从网上下载图像素材，从网上下载图像素材的方法如下：

（1）双击"IE 浏览器"，如图 1-1-18 所示，打开浏览器页面（IE 首页是 hao123）。

（2）选择图片栏，如图 1-1-19 所示。

图 1-1-18　IE 浏览器　　　　　　　图 1-1-19　选择图片栏

（3）在输出框中输入"数码照相机"，单击"百度一下"，如图 1-1-20 所示，打开图像。

（4）选中需要的图像素材，右击，在弹出的快捷菜单中单击"图片另存为"命令，如图 1-1-21 所示。

图 1-1-20　搜索"数码照相机"　　　　　图 1-1-21　单击"图片另存为"命令

（5）弹出"另存为"对话框，从中确定图像的保存位置，如图 1-1-22 所示；确定保存类型，如图 1-1-23 所示；确定文件名，如图 1-1-24 所示

图 1-1-22　"另存为"对话框　　　　　图 1-1-23　确定保存类型

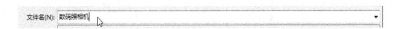

图 1-1-24　确定文件名

（6）单击"保存"按钮即可，如图 1-1-25 所示。

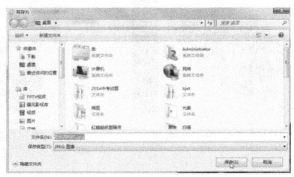

图 1-1-25　保存

（7）如果从网上下载的图像上有 logo，那么可以使用 Photoshop 软件将其 Logo 擦除掉。详细步骤请参看重要知识点解析中的 Photoshop 的简单应用。

4. 从光盘中获取图像

光盘是常见的存储工具，所需的图像存储在光盘中，可以参照以下步骤获取。

（1）把存储有图像的光盘放入电脑主机的光驱，如图 1-1-26 所示。

（2）双击"我的电脑"，如图 1-1-27 所示。

图 1-1-26　光盘放入光驱　　　　　　图 1-1-27　双击"我的电脑"

（3）双击"光盘"，打开光盘，如图 1-1-28 所示。

（4）选中需要的素材图像，如图 1-1-29 所示。

图 1-1-28　打开光盘　　　　　　　图 1-1-29　选中素材图像

（5）选中素材图像后右击，在打开的快捷菜单中选择"复制"命令，如图 1-1-30 所示。

（6）在指定的位置右击，在弹出的快捷菜单中选择"粘贴"命令，可以将光盘中的图像素材导入到电脑中。如图 1-1-31 所示。

图 1-1-30　复制素材图像　　　　　　图 1-1-31　粘贴素材图像

5. 使用扫描仪获取印刷品中的图像

扫描仪（如图 1-1-32 所示）是常见的日常办公设备，使用扫描仪可以方便地将印刷品上的图像扫描下来。所需要的图像在印刷品上，可以借助扫描仪获取图像。使用扫描仪获取图像需要的工具有：计算机、扫描仪及配件。操作步骤如下：

（1）打开一体机扫描仪上盖，把要扫描的图像面朝下压在下面，如图 1-1-33 所示。

图 1-1-32　扫描仪　　　　　　　　　　图 1-1-33　扫描的图像面朝下放置

（2）双击电脑桌面上的"Photoshop"，打开 Photoshop 软件。

（3）在菜单栏中单击"文件"→"导入"→"VIA-EPSON Perfection 1660"命令，如图 1-1-34 所示。

（4）导入后，弹出如图 1-1-35 所示的对话框，可以选择要扫描的图像类型（包括彩色照片、灰度照片、黑白照片或文字、自定义设置），单击选择即可。

图 1-1-34　导入扫描仪　　　　　　　　　图 1-1-35　选择图像类型

（5）选好要扫描的图像类型后，单击"预览"按钮，预先查看要扫描的图像，如图 1-1-36 所示。

（6）通过预览确定要扫描的图像后，单击"扫描"按钮，如图 1-1-37 所示。

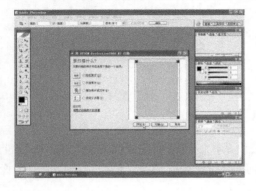

图 1-1-36　预览　　　　　　　　　　　图 1-1-37　扫描

（7）扫描仪开始扫描，扫描完成后查看扫描结果，如图 1-1-38 所示。

（8）选择工具栏中的"裁剪工具"选项，如图 1-1-39 所示；保留需要的图像部分，如图 1-1-40 所示。

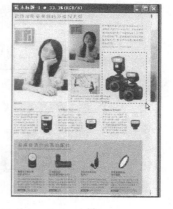

图 1-1-38　扫描结果　　　　图 1-1-39　裁剪工具　　　　图 1-1-40　保留图像部分

（9）选择"橡皮擦工具"，擦除不需要的图像部分，如图 1-1-41 所示。

（10）擦除后的图片效果如图 1-1-42 所示。

图 1-1-41　擦除前的图片　　　　　　图 1-1-42　擦除后的图片

（11）扫描后，单击菜单中的"文件"→"存储为"命令，保存文件，如图 1-1-43 所示。

（12）在弹出的"存储为"的对话框中修改"文件名"和"格式"，如图 1-1-44 所示。

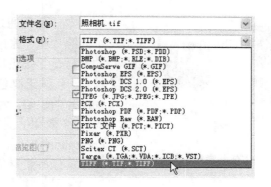

图 1-1-43　保存文件　　　　　　图 1-1-44　修改"文件名"和"格式"

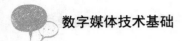

（13）在"保存在"下拉列表中单击下拉菜单，选择保存位置，如图 1-1-45 所示。
（14）单击"保存"按钮，图像保存完成，如图 1-1-46 所示。

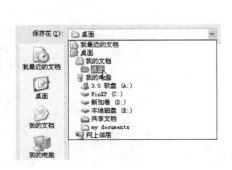

图 1-1-45　选择保存位置　　　　　　　　图 1-1-46　图像保存完成

 课后练习

（1）使用网络搜索图像的方法，收集三张摄像机的图像，三张图像的格式分别为 jpg、tif、png，然后将三张图像保存到"我的文档"中。
（2）利用学过的知识将本书封皮的数字图像保存到电脑桌面上。
（3）为自拟主题的电子相册获取图像。

任务二　处理图像

任务分析

作业1-2.tif

作业1-1.tif

本任务素材

　　本任务是通过使用图像编辑软件将自己拍摄的素材即个人照片和一张风景照，做成一张漂亮的写真照片。本任务的素材是 2 张照片，如左图所示。素材中的人物照片中色彩较单一，缺乏亮色，而风景图片中的红花，正好可以弥补人物图片的缺陷。为了提高图片处理的精细度，保证合成照片的最终效果，本任务使用专业的图片处理软件 Adobe Photoshop CS。

　　本任务素材位置：图像处理\素材。
　　使用的软件：Adobe Photoshop CS。

制作方案设计

本任务的目的是制作一张照片写真，让两幅照片很好地合成为一幅图像。制作时首先要挑选自己喜欢的风景照片和自己的个人照片，要对照片的格式进行统一设置，为了方便对照片的合成，最重要的是使用 Adobe Photoshop CS 图像处理软件。然后使用软件的相应工具进行合成，并且也能实现其美观，具体的方案如下：

1. 使用多边形套索工具对风景图进行选择，然后再使用魔棒工具对人物进行选择。
2. 把选择后的背景和人物粘贴到已经新建的文件内。
3. 对照片的背景和人物使用橡皮擦工具进行美化设计。

 操作技术要点

- 仿制图章工具的使用
- 多边形套索工具的使用
- 吸管工具的使用
- 油漆桶工具的使用
- 快速选择工具的使用
- 魔棒工具的使用
- 橡皮擦工具的使用

重要知识点解析

1. 多边形套索工具的使用

多边形套索是一种选择工具，它可通过拖曳鼠标选择你想要选择的图像，具体操作如下：在工具箱中选中"多边形套索工具"，如图知识点解析 1 所示。它可在你想要选择的图像边缘上，单击，拖曳鼠标到另一点，单击鼠标定义一条直线。继续这样的操作，在"开始处"的点上单击，将完成整个选取框定义。也可以在最后一个点处双击鼠标，软件将自动连接首尾两个点，定义选取框。这样你就可以把你想要的背景图片进行分离出来了，如图知识点解析 2 所示。

知识点解析 1　选择"多边形套索工具"选项　　　　　　知识点解析 2　裁剪背景图片

2. 吸管工具和油漆桶工具的使用

"吸管工具"是一种拾取图像中某个位置的颜色，一般用来取前景色的工具，它可通过鼠标单击要拾取图像中某位置的颜色，用该颜色填充某选区，具体操作如下：在工具箱中选中"吸管工具"，如图知识点解析 3 所示。然后鼠标可吸取单击处的颜色，默认状态下吸取的颜色会替换工具箱中的前景色，如图知识点解析 4 所示。在工具箱中选中"油漆桶工具"，如图知识点解析 5 所示。然后使用"油漆桶工具"把背景的绿色全部都填满，如图知识点解析 6 所示。

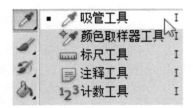

知识点解析 3　选择"吸管工具"选项　　　　　　　　知识点解析 4　吸取背景颜色

知识点解析 5　选择"油漆桶工具"选项　　　　　　知识点解析 6　填充后的背景

3. 仿制图章工具的使用

"仿制图章工具"是用来复制取样的图像来涂抹新图像的工具。它能够按涂抹的范围复制全部或者部分到一个新的图像中，具体操作如下：在工具箱中选取"仿制图章工具"，如图知识点解析 7 所示。然后把鼠标放到要被复制的图像的窗口上，这时鼠标将显示一个图章的形状，和工具箱中的图章形状一样，按住【Alt】键，单击一下鼠标进行定点选样，这样复制的图像被保存到剪贴板中。把鼠标移到要复制图像的窗口中，选择一个点，然后按住鼠标拖动即可逐渐地出现复制的图像，如图知识点解析 8 所示。

知识点解析 7 选择"仿制图章工具"选项　　　　知识点解析 8 复制处理后的图像

4．魔棒工具的使用

魔棒工具是一种比较快捷的抠图工具，对于一些分界线比较明显的图像，通过魔棒工具可以很快速的将图像抠出，它可获取单击的那个地方的颜色，并自动获取附近区域相同的颜色，使它们处于选择状态。具体操作如下：在工具箱中选取"魔棒工具"，如图知识点解析 9 所示，然后单击鼠标获取你要选择的颜色，魔棒就会自动获取附近区域相同的颜色，使它们处于选择状态。再选择"添加到选区"按钮，如图知识点解析 10 所示，就可以叠加选择人物，把人物从背景中给选择出来了。可以通过容差值的大小，来选择图像颜色的接近度，容差越大，图像颜色的接近度也就越小，选择的区域也就相对变大了，如图知识点解析 11 所示，就可以直接快速地选择人物的图像，如图知识点解析 12 所示。

（1）连续：指在选择图像颜色的时候只能选择一个区域当中的颜色，不能跨区域选择，比如一个图像中有几个相同颜色的圆，当然它们都不相交，当选择了"连续"，在一个圆中选择，这样只能选择到一个圆，如果没有选择"连续"，那么整张图片中的相同颜色的圆都能被选中。

（2）对所有图层取样：选中该选项，整个图层当中相同颜色的区域都会被选中，否则就只会选中单个图层的颜色。

知识点解析 9 选择"魔棒工具"选项　知识点解析 10 添加到选区　　　　知识点解析 11 容差

知识点解析 12 选择处理后的图像

5．橡皮擦工具的使用

橡皮擦工具是一种用来擦去不要的某一部分的工具，它可通过拖曳鼠标来擦除你不要的图像，具体操作如下：在工具箱中选取"橡皮擦工具"，如图知识点解析 13 所示，它的作用是用来擦去不要的某一部分。如果要擦去背景图层，那它擦去部分就会显示你设定的背景色颜色，如图知识点解析 14 所示。

模式有三种，即"画笔"、"铅笔"和"块"，如图知识点解析 15 所示，如选择"画笔"，它的边缘显得柔和也可改变"画笔"的软硬程度；如选择"铅笔"，则擦去的边缘就显得尖锐；如选择"块"，则橡皮擦就变成一个方块，但有些弯转，如图知识点解析 16 所示。

知识点解析 13　选择"橡皮擦工具"选项　　　　　知识点解析 14　橡皮擦使用后的效果图

知识点解析 15　模式　　　　知识点解析 16　三种模式对比图

操作步骤　　　　　　　　　　　　　　　　　▶▶▶▶▶▶ START

（1）启动 Adobe Photoshop CS 软件，执行"文件"→"新建"命令，如图 1-2-1 所示，在"新建"窗口中创建一个名字为"图像处理"的文件，如图 1-2-2 所示。

图 1-2-1　设置"新建"文件对话框　　　　　图 1-2-2　"图像处理"窗口

（2）执行"文件"→"打开"命令，如图 1-2-3 所示，打开"风景"和"人物"这两张照片，如图 1-2-4 所示。

图 1-2-3　打开文件　　　　　　　　　　　图 1-2-4　照片文件

（3）使用工具箱中的"多边形套索工具"，如图 1-2-5 所示。然后把需要的背景图片用"多边形套索工具"选择出来，如图 1-2-6 所示。

图 1-2-5　选择"多边形套索工具"选项　　　　　图 1-2-6　选择背景

（4）执行"编辑"→"拷贝"命令，如图 1-2-7 所示。然后打开"图像处理"这个文件，如图 1-2-8 所示。再执行菜单栏中的"编辑"→"粘贴"命令，如图 1-2-9 所示。单击"粘贴"按钮把背景的花朵粘贴进去，如图 1-2-10 所示。

数字媒体技术基础

图 1-2-7 单击"编辑"→"拷贝"命令

图 1-2-8 打开"图像处理"文件

图 1-2-9 单击"编辑"→"粘贴"命令

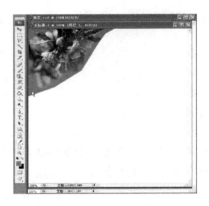

图 1-2-10 粘贴背景

（5）使用工具箱中的"吸管工具"，如图 1-2-11 所示。对背景绿色进行取色，如图 1-2-12 所示。然后使用工具箱中的"油漆桶工具"，如图 1-2-13 所示。对白色背景进行填充，完成后的图片效果如图 1-2-14 所示。

图 1-2-11 选择"吸管工具"选项

图 1-2-12 吸取背景色

图 1-2-14　填充背景

图 1-2-13　选择"油漆桶工具"选项

（6）在工具箱中选择"快速选择工具"选项，如图 1-2-15 所示，然后记得单击如图 1-2-16 所示的添加到选区按钮，可以对人物未添加到选区的进行叠加添加，可以设置画笔直径的大小，如图 1-2-17 所示，进行快速选择，可以得到如图 1-2-18 所示的图片。

图 1-2-15　选择"快速选择工具"选项

图 1-2-16　添加到选区按钮

图 1-2-17　设置画笔的直径大小

图 1-2-18　选择之后的人物图

（7）对人物进行添加，除了可以使用上面的"快速选择工具"外，同样也可以使用"魔棒工具"实现，如图 1-2-19 所示，然后记得单击如图 1-2-20 所示的"添加到选区"按钮，同样可以设置容差值，可以把容差值设置得大些，如图 1-2-21 所示，来更加快速地得到如图 1-2-22 所示的图片。

图 1-2-19　选择"魔棒工具"选项

图 1-2-20　"添加到选区"按钮

图 1-2-21　调整容差值

（8）执行"编辑"→"拷贝"命令，然后打开"图像处理"这个文件，在绿色为背景的图片中，执行菜单栏中的"编辑"→"粘贴"命令，把人物粘贴进去，如图 1-2-23 所示。

图 1-2-22　完成选择之后的人物图

图 1-2-23　粘贴后的人物图

（9）使用工具箱中的"橡皮擦工具"，对复制出来多余的图层颜色进行擦除，然后使用工具箱中的"仿制图章工具"，如图 1-2-24 所示，对图像进行美化，得到美化后的图片效果如图 1-2-25 所示。

图 1-2-24　仿制图章工具

图 1-2-25　完成后的图片

课后练习

（1）讨论一下，作业 1-1 可否先设置对人物的处理，然后再处理背景，这个方法可行吗？如果这么操作，会带来怎样的麻烦呢？

（2）如果要对作业 1-1 照片的背景进行替换为作业 1-2，该使用什么工具进行处理？

作业 1-1　人物图　　　　　　　　　　　　　　作业 1-2　背景图

任务三　图片合成

 任务分析

本任务是将人物的肖像合成到水果上面，创造出一幅新图像。两张图片的合成，关键步骤有两个：一个是调整好人物肖像的角度。因为角度的差别，会很容易地被察觉到。另一个是两张图片的融合，如何融合好，保证过渡自然，效果逼真是操作的重点。本任务的合成效果，很大程度取决于细节。为了达到效果，可以应用色彩调整方面的操作。本任务素材如下所示。

本任务素材

本任务素材位置：第一章任务三/素材。
使用设备：计算机。
使用软件：Photoshop。

 制作方案设计

本任务是创造一个新的图画。将人物的脸，合成到树上的一个梨上，这个梨上面还有水滴。

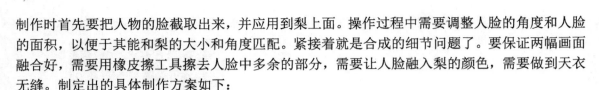

制作时首先要把人物的脸截取出来，并应用到梨上面。操作过程中需要调整人脸的角度和人脸的面积，以便于其能和梨的大小和角度匹配。紧接着就是合成的细节问题了。要保证两幅画面融合好，需要用橡皮擦工具擦去人脸中多余的部分，需要让人脸融入梨的颜色，需要做到天衣无缝。制定出的具体制作方案如下：

1. 两张图片的初步合成——将人脸移动到梨的图片上。
2. 调整人脸的大小和角度。
3. 使用橡皮擦工具擦除多余的部分。
4. 使用调整工具，实现图像的融合。

操作技术要点

- "自由变换"的应用
- "橡皮擦工具"的使用
- "色彩平衡"命令的应用
- "色相/饱和度"命令的应用
- "色阶"的调整
- "亮度/对比度"的调整

重要知识点解析

1. 色彩平衡

色彩平衡是图像处理中一个重要环节。通过对图像的色彩平衡处理，可以校正图像偏色、过饱和度或饱和度不足的情况。色彩平衡也可以根据自己的喜好和制作需要，调制需要的色彩，更好地完成画面效果。色彩平衡效果如图知识点解析 1 所示。

知识点解析 1　色彩平衡效果

2. 橡皮擦工具

橡皮擦工具（如图知识点解析 2 所示）的作用是用来擦去不要的某一部分。如果擦去的是背景图层，那它擦去的部分就会显示设定的背景颜色。如果擦去的是普通图层，擦掉的部分会变成透明区显示。

知识点解析 2　橡皮擦工具　　　知识点解析 3　橡皮擦工具有三种模式

橡皮擦工具有三种模式："画笔"、"铅笔"和"块"，如图知识点解析3所示。"画笔"模式的边缘会显得柔和，同时也可改变"画笔"的软、硬程度；"铅笔"模式的边缘会显得尖锐；"块"模式橡皮擦就变成一个方块。

3. 色相

色相是色彩的首要特征，即各类色彩的相貌称谓，是区别各种不同色彩的最准确的标准。任何黑白灰以外的颜色都有色相的属性，色相也就是由原色、间色和复色来构成的。自然界中各个不同的色相是无限丰富的，如紫红、银灰、橙黄等。色相图册如图知识点解析4所示。

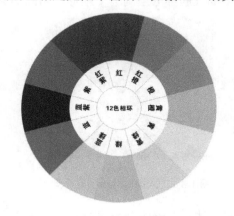
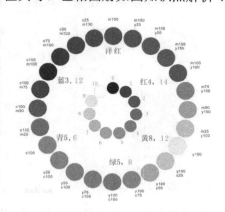

知识点解析4　色相图册 　　　　　知识点解析5　饱和度图册

4. 饱和度

饱和度指色彩的纯洁性，也称色彩的纯度。饱和度取决于该色中含色成分和消色成分（灰色）的比例。含色成分越大，饱和度越大；消色成分越大，饱和度越小。饱和度图册如图知识点解析5所示。

5. 色阶

色阶是表示图像亮度强弱的指数标准，即常说的色彩指数。在数字图像处理中，指的是灰度分辨率（又称为灰度级分辨率或者幅度分辨率）。图像的色彩丰满度和精细度是由色阶决定的。色阶指亮度和颜色无关，但最亮的只有白色，最不亮的只有黑色。色阶测试图如知识点解析6所示。

知识点解析6　色阶测试图

6. 对比度

对比度指的是一幅图像中最亮的白和最暗的黑之间不同亮度层级的测量，差异范围越大代表对比度越大，差异范围越小代表对比度越小。对比度对视觉效果的影响非常关键，一般来说对比度越大，图像越清晰醒目，色彩也越鲜明艳丽；而对比度小，则会让整个画面都灰蒙蒙的。高对比度对于图像的清晰度、细节表现、灰度层次表现都有很大帮助。

 操作步骤 ▶▶▶▶▶▶ START

（1）启动 Photoshop 软件，打开文件 pear. bmp 和 face. bmp，选择工具栏中的"矩形选框"工具，如图 1-3-1 所示，在图片 face. bmp 中的人脸部分绘制一个矩形，如图 1-3-2 所示。

图 1-3-1 "矩形选框"工具

图 1-3-2 人脸部分绘制一个矩形

（2）执行"编辑"→"拷贝"命令，如图 1-3-3 所示，关闭 face 文件。在 pear 文件中执行"编辑"→"粘贴"命令，如图 1-3-4 所示。将该层的不透明度改为"45%"，如图 1-3-5 所示，以便能同时看到梨和人脸，如图 1-3-6 所示。

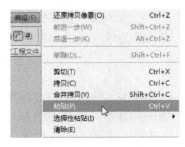

图 1-3-3 执行"编辑"→"拷贝"命令　　　图 1-3-4 执行"编辑"→"粘贴"命令

图 1-3-5 图层不透明度调整

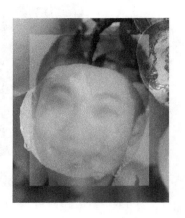

图 1-3-6 同时看到梨和人脸

（3）执行"编辑"→"自由变换"命令，如图 1-3-7 所示，旋转并改变人脸的位置大小，以适应梨的画面，如图 1-3-8 所示。

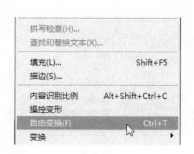

图 1-3-7 执行"自由变换"命令　　　　　　图 1-3-8 旋转后的画面

（4）将不透明度重新改回"100%"。使用"橡皮擦工具" ，设置"硬度"为 100%，"不透明度"为 100%，如图 1-3-9 所示。擦除照片上梨以外的其他部分，效果如图 1-3-10 所示。

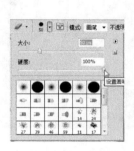

图 1-3-9 设置"橡皮擦工具"参数　　　　　图 1-3-10 擦除后的画面效果

（5）使用柔性橡皮擦，将硬度设为"0"，不透明度改为"30%"，如图 1-3-11 所示。擦除眉毛、眼睛、鼻子和嘴以外的其他部分，擦除后的画面效果如图 1-3-12 所示。

图 1-3-11 调整不透明度　　　　　　　　　图 1-3-12 柔性擦除后的画面效果

（6）保持"图层 1"处于选中状态，按【Ctrl+J】组合键复制层。单击图层面板中"图层 1副本"层左侧的 👁 图标，隐藏该层。单击其下一层，使其成为当前层，如图 1-3-13 所示。

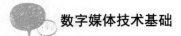

（7）执行"图像"→"调整"→"色彩平衡"命令，如图 1-3-14 所示。在出现的"色彩平衡"对话框中进行设置，具体参数如图 1-3-15 所示，设置色彩平衡参数后的效果如图 1-3-16 所示。

图 1-3-13　选择"图层 1"选项

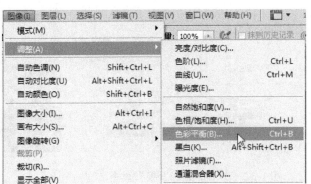

图 1-3-14　选择"色彩平衡"命令

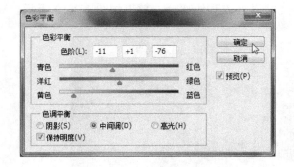

图 1-3-15　设置"色彩平衡"对话框

图 1-3-16　应用色彩平衡后的画面效果

（8）执行"图像"→"调整"→"色相/饱和度"命令，如图 1-3-17 所示，在出现的"色相/饱和度"对话框中设置饱和度参数，如图 1-3-18 所示，效果如图 1-3-19 所示。

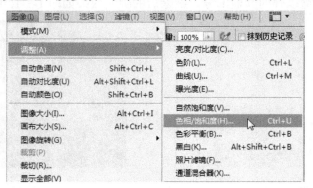

图 1-3-17　执行"图像"→"调整"→"色相/饱和度"命令

图 1-3-18 设置"色相/饱和度"参数

图 1-3-19 调整"色相/饱和度"后的画面效果

（9）单击图层面板中"图层 1 副本"层左侧的"眼睛"图标，显示被隐藏的图层，将其作为当前层，如图 1-3-20 所示。选择"橡皮擦工具"，设置"硬度"为 100%，"不透明度"为 100%，如图 1-3-21 所示。擦去除眼睛、鼻子和嘴外的其他部分，效果如图 1-3-22 所示。

图 1-3-20 显示被隐藏的图层

图 1-3-21 调整"橡皮擦工具"参数

图 1-3-22 擦除后的效果图

（10）执行"图像"→"调整"→"色阶"命令，如图 1-3-23 所示，打开"色阶"对话框，如图 1-3-24 所示。

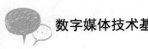

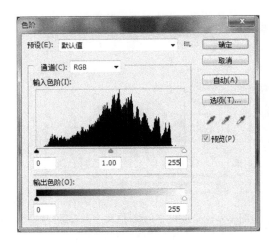

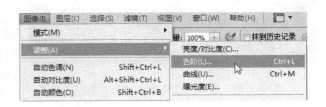

图 1-3-23　执行"图像"→"调整"→"色阶"命令　　　　图 1-3-24　"色阶"对话框

（11）将通道选择为"红"，将"输入色阶"中间项的值改为 1.03，如图 1-3-25 所示。同上操作方法，将通道选择为"绿"，将"输入色阶"中间项的值改为 0.97，如图 1-3-26 所示。将通道选择为"蓝"，将"输入色阶"中间项的值改为 0.52，如图 1-3-27 所示。调整后画面显示效果，如图 1-3-28 所示。

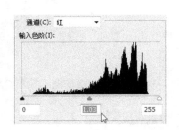

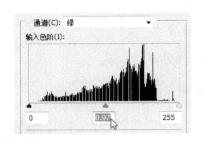

图 1-3-25　调整红色通道中间项的值　　　　图 1-3-26　调整绿色通道中间项的值

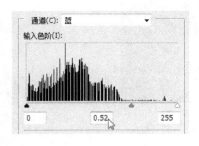

图 1-3-27　调整蓝色通道中间项的值　　　　图 1-3-28　调整输入色阶后的画面效果

（12）执行"图像"→"调整"→"亮度/对比度"命令，如图 1-3-29 所示。在打开的"亮度/对比度"对话框中进行调整，具体设置，如图 1-3-30 所示。最终效果，如图 1-3-31 所示。

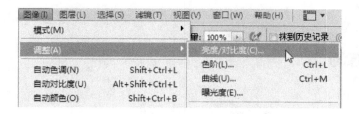

图 1-3-29 执行"亮度/对比度"命令

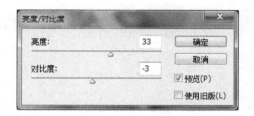

图 1-3-30 设置"亮度/对比度"参数　　　　　图 1-3-31 合成后的最终效果

（13）执行"文件"→"存储为"命令，如图 1-3-32 所示，在弹出的"存储为"对话框中，选择图片保存的位置，如图 1-3-33 所示。设定图片存储的格式，如图 1-3-34 所示。单击"保存"按钮，将图片保存。

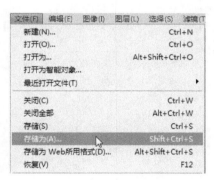

图 1-3-32 执行"文件"→"存储为"命令

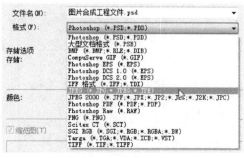

图 1-3-33 选择图片保存的位置　　　　　图 1-3-34 设定图片存储的格式

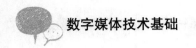

 课后练习 1

（1）利用本任务素材，将你的脸合成到另一个梨上。

（2）本任务使用的梨是黄色的，如果是红色苹果，在合成时，需要做哪些调整？

（3）选择身边常见的物品，创意地合成一个新事物。

第二章

数字文本技术

文本是书面语言的表现形式，同时也是计算机的一种文档类型。从文学的角度说，通常是具有完整、系统含义的一个句子或多个句子的组合。一个文本可以是一个句子、一个段落或者一个篇章。在日常生活中，我们对于文本十分熟悉，但对文本的加工、处理和识别却有所欠缺。同样，对于文本的处理、加工和识别也是现在的一大难点。

数字文本技术通常意义上是指对于已有的数字文本进行加工、处理或者识别。随着计算机时代的到来，文本不仅仅是局限于在书面或者纸张上，更多地倾向于朝电子化发展。对于数字文本的显示和发布，现在很多以电子杂志的形式出现，而对于电子杂志的制作、应用的软件也逐渐增多，如：ZineMaker、PocoMaker、Scribus，以及操作较为简单、可视化较高的 iebook 超级精灵。iebook 超级精灵可以对数字文本进行显示及加工，同样，让数字文本以电子杂志的形式，更生动、更形象地表达出来。对于数字文本的美化，其实可以用各种方式，比如 Word、PowerPoint 等，而 PowerPoint 对数字文本加工处理更加具有连贯性、生动性。对于图像和语音的识别技术，现在已经相当成熟，在保证正确操作的前提下，可以保证相当高的准确率，相信以后可以得到广泛应用。

本章用三个任务，介绍针对数字文本处理的相关技术。

1. 数字文本的呈现：电子杂志的制作

电子杂志，又称网络杂志、互动杂志。可以呈现出丰富的多媒体影音互动效果，是传统平面杂志功能的增强与数字化的替代品，使用者可以通过网页浏览器，进行线上阅读或是下载观看。目前，电子杂志已经进入第三代，以 Flash 为主要载体独立于网站存在。电子杂志是一种非常好的媒体表现形式，它兼具了平面与互联网两者的特点，且融入了图像、文字、声音、视频、游戏等相互动态结合来呈现给读者。此外，还有超链接、及时互动等网络元素，是一种很享受的阅读方式。iebook 超级精灵是全球第一家融入互联网终端、手机移动终端和数字电视终端三维整合传播体系的专业电子杂志（商刊、画册）制作推广系统。革命性采用国际前沿的构件化设计理念，整合电子杂志的制作工序，将部分相似工序进行构件化设计，使得软件使用者可重复使用、高效率合成标准化的电子杂志。

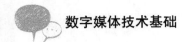

2. 数字文本的美化加工：PowerPoint

数字文本的美化加工，不仅仅局限于对文本字体样式的改变，更多的是对于文字的排版、美化以及对数字文本的装饰加工。

3. 数字文本的识别

数字文本的识别可以分为两类：文字对文字的识别、语音对文字的识别。对于两种识别技术，可选用的软件较多，但技术的核心是相通的，选择一种软件熟练应用即可。数字文本的展示、加工美化和识别等相关技术，就是数字文本技术。本章向读者提供三个常见的任务。学习者在完成任务的过程中，可以了解数字文本技术的基本原理，掌握数字文本的常用技术，了解数字文本技术所应用到的软件及知识，熟悉数字文本的展示、加工美化、识别等制作流程。

任务一　电子杂志设计

 任务分析

本任务是将已有的素材，简单制作成一本电子杂志，素材包括 8 段 Flash 动画、10 张图片和 1 段音频。由于是电子杂志的制作，应注意内容的可视性和清晰性。此外，在保证杂志内容的可视性和清晰性的基础上，适当添加装饰以及 Flash 动画，增加电子杂志的美观性，使电子杂志更加生动、形象。本任务的素材如下所示。

本任务素材

本任务素材位置：电子杂志设计\素材。

使用的设备：计算机。

使用的软件：iebook 超级精灵 2011。

 制作方案设计

本任务制作的是实用性和观赏性共同具备的电子杂志。最终制作好的电子杂志在保证内容的同时，同样要保持美观。制作时，首先要了解软件特性，熟悉软件操作，对页面的排版要仔细研究。具体的制作方案如下：

1. 保证文字内容清晰明了。
2. 适当使用 Flash 动画增加杂志的观赏性。
3. 杂志内容要积极健康。
4. 杂志链接准确无误。

操作技术要点

- 页面操作
- 替换封面、封底、组件皮肤
- 目录编辑
- 模板编辑
- 自定义导入
- 文字编辑
- 图片编辑
- 电子杂志生成与发布

重要知识点解析

1．添加页面、添加多页

新建电子杂志组件后，"页面元素"列表框已经默认新建了一个空白版面（页面），如图知识点解析 1 所示；在"开始"菜单单击"添加页面"按钮，如图知识点解析 2 所示；在下拉菜单中选择添加"多个页面"，如图知识点解析 3 所示；在弹出的"页数对话框"中输入要批量添加的页面数目（1-100 页），单击"确定"按钮，如图知识点解析 4 所示；程序自动批量新建 10 个空白版面（页面），如图知识点解析 5 所示。

知识点解析 1　默认空白版面　　　　　　　　　　　　知识点解析 2　添加页面

知识点解析 3　选择添加"多个页面"　　知识点解析 4　设置添加页面个数　知识点解析 5　添加页面后的效果

2．更换组件皮肤

更换默认电子杂志组件皮肤，效果如图知识点解析 6 所示。选中电子杂志"标准组件模板"选择"插入"菜单中的"皮肤"模板库，如图知识点解析 7 所示；在电子杂志"皮肤"模板库中选择喜爱的风格，单击模板预览图即可更换标准组件风格，效果如图知识点解析 8 所示。

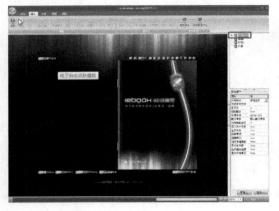

知识点解析 6　更换默认组件皮肤效果　　　　　　　　知识点解析 7　选择模板风格

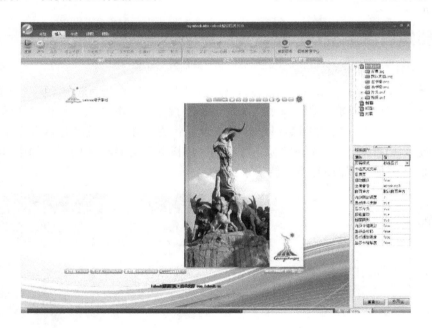

知识点解析 8　替换模板后的效果

3．更换目录跳转

电子杂志"目录模板"标题前面的数字"06、08、10"表示单击标题时跳转至相对应的电子杂志第 6 页、第 8 页、第 10 页。例如选择电子杂志页面"精选目录三"，如图知识点解析 9 所示；电子杂志"目录模板"标题前面的数字表示单击该目录标题时跳转的电子杂志页面数值，如图知识点解析 10 所示；在列表中选择相应的元素，如图知识点解析 11 所示，双击更改后的标题前的数字即可跳转到相对应的电子杂志页面（建议输入偶数页码如：8、08、008）。

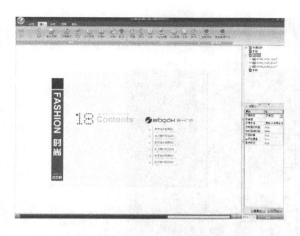

知识点解析 9　选择一个目录模板　　　　　知识点解析 10　目录中数值的意义

4. 替换片头，导入片头动画模板

替换默认电子杂志片头动画，导入片头动画模板（从模板库替换），界面如图知识点解析 12 所示。首先，在"视图"菜单栏，单击"片头同步"按钮。编辑片头动画后可以同步预览效果，如图知识点解析 13 所示。选中"标准组件模板"单击"插入"菜单中的"片头"模板库（图知识点解析 13 为软件默认的片头动画），如图知识点解析 14 所示；在"片头"模板库中选择喜爱的模板，单击模板预览图即可更换片头动画，如图知识点解析 15 所示，电子杂志片头模板就更换完毕。

知识点解析 11　修改目录界面　　　　　知识点解析 12　导入片头动画模板界面

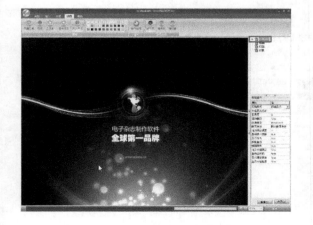

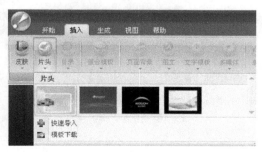

知识点解析 13　预览片头动画模板　　　　知识点解析 14　片头动画模板库界面

知识点解析 15　成功导入片头动画模板效果

 操作步骤　▷▷▷▷▷▷ START

1．新建项目

启动 iebook 超级精灵 2011 软件，选择标准组件 750×550px，如图 2-1-1 所示。单击左上角 "保存" 按钮，将其命名为 "杂志"，并单击 "保存" 按钮，如图 2-1-2 和图 2-1-3 所示。

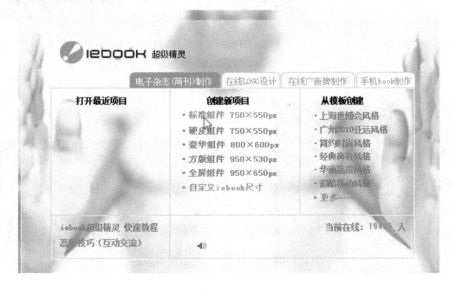

图 2-1-1　设置杂志尺寸

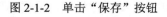

图 2-1-2　单击"保存"按钮　　　　　　图 2-1-3　对文件命名后保存在桌面

2. 主要内容版面设计

（1）在"开始"菜单里，选中"添加页面"选项，手动添加页面，选择"多个页面"选项，如图 2-1-4 所示，添加 5 页，如图 2-1-5 所示，添加后一共显示 6 个版面，如图 2-1-6 所示。

图 2-1-4　添加页面界面　　　　图 2-1-5　添加页面数量　　　　图 2-1-6　添加页面后的效果

（2）鼠标单击右侧"版面 1"，使软件主界面转换到版面 1 的编辑状态，如图 2-1-7 所示，在版面 1 的界面中右击，在打开的快捷菜单中选择"重命名"命令，对其重命名为"卷首语"，如图 2-1-8 所示。

图 2-1-7　版面 1 编辑状态　　　　图 2-1-8　对版面重命名

（3）命名结束后，选择工具栏中的"插入"选项，单击"图片"选项，选择插入一张图片，如图 2-1-9 所示，作为此版面的背景。

图 2-1-9　图片替换按钮

（4）选择工具栏中的"插入"选项，单击"文字模板"，选择插入一个标题模板，如图 2-1-10 所示。单击右侧"版面 1"的"+"按钮，如图 2-1-11 所示，随后单击"标题 01. swf"的"+"按钮，开始编辑标题文字，如图 2-1-12 所示。鼠标分别双击"文本 0"、"文本 1"，编辑标题文字，输入所需要的文字。

图 2-1-10　插入文字模板

图 2-1-11　展开文字模板编辑面板

图 2-1-12　修改文字

（5）选择工具栏中的"插入"选项，单击"Flash 动画"，如图 2-1-13 所示，插入此页的背景动画"云 1.swf"、"云 2.swf"。用鼠标左键在预览界面单击飘浮的云朵，拖动"Flash 动画"到合适的位置。再用鼠标左键拖动动画左上角"自由缩放"，如图 2-1-14 所示，调整素材的大小，以达到满意的画面大小。

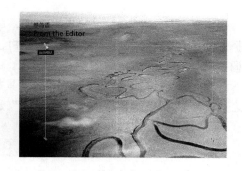

图 2-1-13　添加 Flash 动画按钮　　　　　　图 2-1-14　Flash 编辑状态

（6）选择工具栏中的"插入"选项，用同样的方法插入此页的大标题。单击"文字模板"，插入此页所需要的文字内容（可以根据自己的需要选择适当的文字模板），如图 2-1-15 所示。在编辑文本属性的时候可以在工具栏中调整字体、颜色以及大小和对齐方式等，以达到最好的效果，如图 2-1-16 所示。

注意：每次编辑后都要单击"应用"保存，如图 2-1-17 所示。用同样的方式拖动文字框的位置和大小，使文字内容布局美观。

图 2-1-15　添加文字模板　　　　　　　　　图 2-1-16　修改文字样式

（7）选择工具栏中的"插入"选项，单击"图片"，选择插入一张图片，作为此版面的背景。

（8）单击"版面 2"使版面 2 转换到编辑状态。选择工具栏中的"插入"选项，插入"文字模板"，选择"文字标题 09"，如图 2-1-18 所示。单击右侧"标题 9．swf"编辑标题文字。

图 2-1-17　单击"应用"按钮进行保存　　　　图 2-1-18　文字标题 09

（9）选择工具栏中的"插入"选项，单击"文字模板"，插入此页文字，并调整文字属性。选择工具栏中的"插入"选项，单击插入"Flash动画"，插入已下载好的文字模板"内容提要.swf"，并调整其位置和大小，如图2-1-19所示。

注意：下载过的模板也可以单击工具栏"安装模板"，选择"模板导入"进行导入。但导入之后，仍需要在工具栏中选择"插入"选项，如图2-1-20所示。

图 2-1-19　导入 Flash 动画模板　　　　　　　　　　图 2-1-20　安装模板

（10）选择工具栏"插入"选项，单击"图文"选择一个多图片的图片模板来做装饰，如图2-1-21所示。单击右侧图片模板的"+"按钮，可以选择合适的图片进行替换，如图2-1-22所示。如鼠标右击"图片1"，进入图片编辑状态，并单击左上角"更改图片"，如图2-1-23所示，替换自己喜欢的图片。同样可以对图片进行美化和调整，如图2-1-24所示。全部调整结束后单击工具栏右上方的"应用"按钮进行保存。

图 2-1-21　导入图片模板　　　　　　　　　　图 2-1-22　切换图片模板编辑状态

图 2-1-23　更改图片模板的图片　　　　　　　　图 2-1-24　图片编辑工具栏

（11）选择工具栏中的"插入"选项，单击"组合模板"，选择插入"海底世界"，如图 2-1-25 所示。插入后会发现模板处于右侧页面的最下方，如图 2-1-26 所示。鼠标右击"海底世界．im"在快捷菜单中选择"上移"移动到第 2 页的下方继续按顺序进行编辑（或鼠标单击"海底世界．im"，使用组合键【Ctrl+U】进行页面上移），如图 2-1-27 所示。

图 2-1-25　插入组合模板　　　　　　　　　　　图 2-1-26　插入组合模板后的位置

（12）同样单击组合模板的"+"键，对组合模板进行编辑，如图 2-1-28 所示。
注意：点开组合模板里所有的"+"键，对模板进行预览，以便编辑不会出现错误。

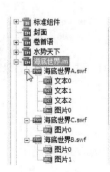

图 2-1-27　上移页面位置　　　　　　　　图 2-1-28　展开组合模板编辑界面

3．封面、封底版面设计

对"封面"、"封底"进行编辑时，分别单击"封面"、"封底"页面，在页面属性栏中的"页面背景"中选择"使用背景文件"，如图 2-1-29 所示。在"值"一栏，如图 2-1-30 所示，单击右侧"…"按钮，更换背景。最后单击编辑界面右上方的"应用"按钮，完成对"封面"、"封底"的修改。

注意：制作封面、封底需要 Photoshop 的支持，要注意图片的尺寸要与杂志的大小相符。

图 2-1-29　选择页面背景格式　　　　　　图 2-1-30　替换页面背景

4．目录版面设计

（1）选择工具栏中的"插入"选项，单击"目录"选择"精选目录三"（可以根据自己的喜好，选择合适的目录模板），如图 2-1-31 所示。

（2）浏览杂志内容的"页码"，如图 2-1-32 所示，以便目录能准确地链接到页面。单击右侧页面栏，选择"目录"的"+"按钮，对目录的修改内容进行修改。目录页码默认为"06、08、10、12、14、…"，如图 2-1-33 所示，所以在右侧目录编辑页面中，把页码修改成"04、06、08、10、12、…"，如图 2-1-34 所示，并根据标题内容，修改标题。最后根据自己的需要，修改目录的图片。

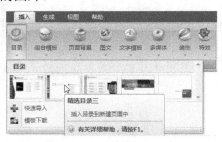

图 2-1-31　选择"精选目录三"　　　　　图 2-1-32　浏览目录页码

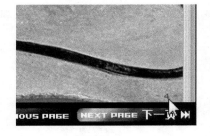

图 2-1-33　修改前的目录页码　　　　　图 2-1-34　修改后的目录页码

（3）选择工具栏中的"插入"选项，单击"特效"选择"水珠"，对目录进行装饰，使其更加美观，如图 2-1-35 所示。

5. 全局音乐添加

在右侧页面栏，单击"标准组件"，属性栏单击"全局音乐"右侧的"…"，选择"添加音乐文件…"，添加后弹出对话框，选择之前添加的音乐，单击"确定"按钮，如图 2-1-36 所示。

图 2-1-35　设置目录特效　　　　图 2-1-36　添加全局背景音乐

6. 标准组件设计与修改

在"标准组件"编辑界面继续对其他元素进行编辑。根据相同替换图片的方法，对"背景"、"右书脊"、"左书脊"进行替换。在页面栏，右击"片头．swf"，在快捷菜单中选择"替换"命令，对片头进行替换，如图 2-1-37 所示。

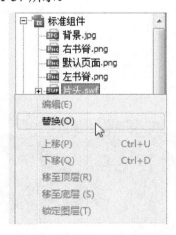

图 2-1-37　替换片头动画

7. 杂志预览与生成

（1）单击工具栏"生成"选项，选择"杂志设置"按钮，如图 2-1-38 所示，根据自己的需要，对版权信息、杂志属性进行修改，如图 2-1-39 所示。修改后，单击"确定"按钮进行保存。

图 2-1-38 "杂志设置"按钮　　　　　　　图 2-1-39 设置杂志版权信息界面

（2）单击工具栏"生成"选项，选择"预览当前作品"按钮，对电子杂志进行预览，如若无错误，单击"开始"，进行保存。完成电子杂志的制作。

注意：此软件不具有撤销功能即"Ctrl+Z"，建议每做一步进行保存，避免不必要的损失。

（3）单击"生成"选项，根据需要，单击"生成 EXE 杂志"按钮，如图 2-1-40 所示，或单击"发布在线杂志"按钮进行输出，如图 2-1-41 所示。

图 2-1-40 生成 EXE 杂志

图 2-1-41 发布在线杂志

课后练习

（1）利用本任务素材，制作以下电子杂志版面，如图作业 2-1 所示。

作业 2-1 电子杂志版面设计

（2）根据本任务学习内容，实践如何替换杂志的页面按钮。

（3）讨论一下，电子杂志和书面杂志具体有哪些区别？

任务二 文字处理

 任务分析

本任务是将准备好的文字，通过处理和美化，使文字美观合理地呈现在画面中。此外，利用图形、图片来对文字进行装饰。由于是文字构造画面，比较枯燥，要思考如何排版、如何配色，以达到最好的效果。本任务的素材如下所示。

素材.ppt　　素材1.jpg　　素材2.jpg　　素材3.jpg

本任务素材

本任务素材位置：第二章任务二\素材。

使用的设备：计算机。

使用的软件：PowerPoint 2007。

 制作方案设计

本任务是对已有的文字进行处理、装饰、排版和配色。最终处理好的文字要保证大方得体、美观。制作时，要应用到文字排版的技术操作，对文字排版、布局要讲究美观，合理地对文字进行配色、装饰，制定出具体方案如下：

1. 合理使用文字的字体，大方、美观。
2. 用装饰元素对文字进行装饰、处理。
3. 对文字进行美观的排版。

操作技术要点

● 何谓演示文稿
● 如何处理幻灯片
● PowerPoint 视图方式
● 文字如何合理排版
● 文字如何合理配色
● 图形的插入

 重要知识点解析

1. 何谓"演示文稿"

通常，人们把用 PowerPoint 制作出来的各种演示材料统称为"演示文稿"。所谓"演示文稿"，就是指人们在介绍组织情况、阐述计划及实施方案时，向大家展示的一系列材料。

2．配色

配色简单来说就是将颜色摆在适当的位置，做一个最好的安排，使各种色彩和谐地融为一体，为表现的主题服务。大多数人对画面色彩的敏感度往往大于文字。色彩是通过人的印象或者联想来产生心理层面上的影响，而配色的作用就是通过改变空间的舒适程度和环境气氛来满足人们视觉和心理的要求。

3．演示文稿的配色

（1）色彩与主题的照应

通过外在色彩能够揭示或者反映演示文稿的主题，使人一看色彩和图示就能够基本感知或者联想到演示文稿的主题。以食品类为例，蛋糕点心类的演示文稿多用金色、黄色、浅黄色给人以香味袭人之印象；茶、啤酒类等饮料类的多用红色或绿色类，象征着茶的浓郁与芳香；番茄汁、苹果汁则多用红色，集中表明出该物品的自然属性。如图知识点解析 1 和知识点解析 2 所示。

知识点解析 1　蛋糕类配色　　　　　　　　　知识点解析 2　饮品类配色

（2）色彩与色彩的对比关系

① 色彩的深浅对比

色彩的深浅对比在配色上出现的频率最多，使用的范围最广。所谓的色彩深浅对比，是指在设计用色上深浅两种颜色同时巧妙地出现在一种画面上，产生出类比较协调的视觉效果。比如用大面积的浅色铺底，在其上配以深色的文字和图案，如图知识点解析 3 所示。

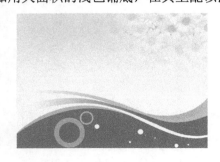

知识点解析 3　色彩的深浅对比　　　　　　　知识点解析 4　色彩的繁简对比

② 色彩的繁简对比

色彩的繁简对比是指在杂乱的背景中，搭配简单的颜色，即可更加突出主题。以统一 100

方便面为例，在它们的包装袋上，下半部分是杂乱的方便面实物图案，而在其画面的上端却是整个的干干净净的大绿大红颜色，然后非常显眼地突出"100"字样，如图知识点解析4所示。

③ 色彩的反差对比

色彩的反差对比实质上是由多种色素相互间形成的反差效果。这种反差效果的通常表现方法是：冷暖的反差，如红和蓝的对比；动静的反差，如淡雅平静的背景与活泼乱跳的图案文字对比；轻重的反差，如深沉的色素与轻淡的色素对比等，如图知识点解析5所示。

知识点解析5 色彩的反差对比

 操作步骤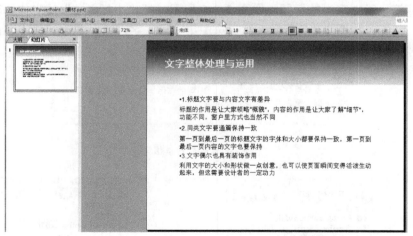

1. 新建项目导入素材

（1）双击"素材．ppt"文件，打开已经准备好的素材PowerPoint文档，如图2-2-1所示。

图2-2-1 素材PowerPoint文档

（2）观察文字内容结构，熟悉文字内容组成。单击第一段文字，使第一段文字处于拖动状态，如图2-2-2所示。用鼠标左键拖动第一段文字，使第一段文字和其他两段文字分开，产生段落感，如图2-2-3所示。分别以同样的方法拖动其他两段文字，使三段文字具有段落感，均匀分布在PowerPoint文档的中央位置，效果如图2-2-4所示。

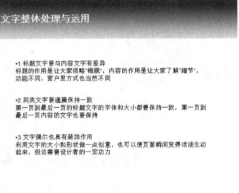

图 2-2-2　选择文本框　　　　　　　　　　图 2-2-3　对文本进行排版

（3）单击第一段文字，使文字内容转换到编辑模式，把鼠标光标移动到数字"1"之前，删去项目符号，如图 2-2-5 所示。同样，删去其他两段文字中的项目符号。

图 2-2-4　文本排版后的显示效果　　　　　　图 2-2-5　删除"项目符号"

（4）选择第一段文字中的标题，如图 2-2-6 所示，把"小标题 1"的字体修改成"微软雅黑"，字号为"20"，如图 2-2-7 所示。然后选中第一段文字内容，把第一段文字内容字体修改成"楷体"，字号不变，如图 2-2-8 所示。

图 2-2-6　选中标题

图 2-2-7　设置标题字体　　　　　　图 2-2-8　设置内容字体

2. 整理素材

（1）用鼠标选中"小标题 1"中的任意文字，单击工具栏左上方的"格式刷"工具，此时鼠标光标转换为格式刷形式。按住鼠标左键，分别在"小标题2、3"上拖动，把"小标题1"的格式复制到其他两个标题上，如图 2-2-9 所示。用同样的方法，使三段内容的字体样式一致，调整后的效果如图 2-2-10 所示。

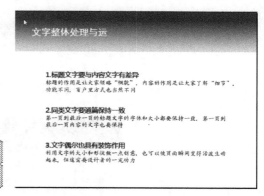

图 2-2-9　使用格式刷改变标题格式　　　　图 2-2-10　修改后的效果

（2）分别单击三段文字，使文字框转换成编辑状态，用鼠标左键拖动文字框右上角，使文本框变小，如图 2-2-11 所示。并把三段文字，移动到右侧，效果如图 2-2-12 所示。

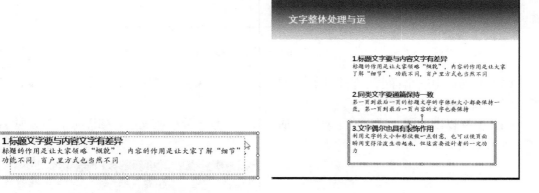

图 2-2-11　文字框编辑状态　　　　　　　图 2-2-12　修改后的效果

（3）在工具栏中选择"插入"→"图片"→"来自文件"选项，如图 2-2-13 所示，插入三张素材图片到 PowerPoint 文档中，如图 2-2-14 所示。

图 2-2-13　插入图片　　　　　　图 2-2-14　插入选中的三张素材图片

（4）单击一张图片，使图片转换成编辑状态，用鼠标左键拖动右上角，变换图片的大小，调整到合适大小，并移动图片到"小标题3"的前方，如图 2-2-15 所示。同样，把其他两张图片，调整到其他两个标题前方，效果如图 2-2-16 所示。

图 2-2-15　调整图片大小和位置

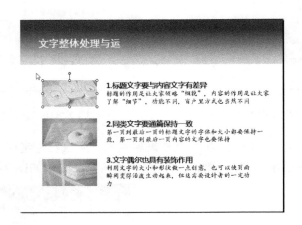

图 2-2-16　图片调整后的效果

（5）分别选中三个标题，单击工具栏右上方"字体颜色"工具，如图 2-2-17 所示，把字体颜色修改成"橙色"。

（6）根据以上步骤，即完成了对文字的处理，从单一死板的文字，修改成具有视觉感的文字，效果如图 2-2-18 所示。

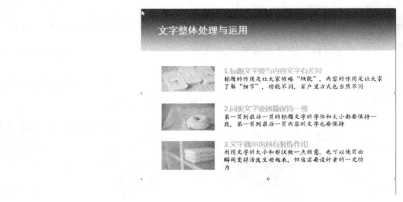

图 2-2-17　调整颜色　　　　　　　　　　　　　　　图 2-2-18　修改后的效果

（7）单击 PowerPoint 文档左上方"新建幻灯片"，选择"空白"，新建一个空白的幻灯片。如图 2-2-19 所示。

（8）当空白幻灯片创作好后，为了向其中添加进一个简单的二维图形，我们需要单击

PowerPoint 2007 工具栏中的"形状"按钮，如图 2-2-20 所示。

图 2-2-19　新建空白幻灯片　　　　　　　　　图 2-2-20　　"形状"按钮

（9）选中"形状"按钮后，在弹出的下拉菜单中选择一个简单的"六角星"形状，如图 2-2-21 所示，把形状摆放在 PowerPoint 文档中间位置。

图 2-2-21　选中六角星形状

（10）当六角星出现在空白幻灯片上面后，为了方便观看，可以通过左键选定六角星，然后再通过拉伸将它放大。这个就是本任务最初的二维平面图形了。

（11）要将二维平面图形转换为三维立体图形，一个非常简便快捷的方法是使用"形状效果"功能中的某一种"预设"的效果。当鼠标在各种预设效果的按钮上滑过的时候，PowerPoint 2007 会实时地在图形上显示出预览效果出来，如图 2-2-22 所示。

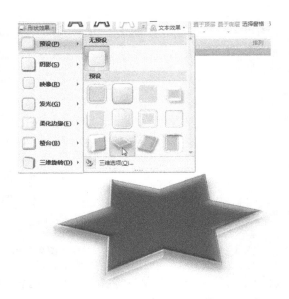

图 2-2-22　形状预设效果

（12）当选定了某种"预设"效果后，相应的"棱台"或"三维旋转"的效果就会应用在这个图形上。例如，当选择了"预设 10"，马上就得到了一个漂亮的三维立体图形，效果如图 2-2-23 所示。

（13）在立体的效果下，还可以自由地改变图形的颜色，就像是改变二维图形的颜色那样。并且，改变后的颜色也会自动地应用上相应的三维图形效果。为了让六角星的三维效果更加凸显出来，可将它的颜色加深一点。选择"形状填充"，把图形修改为"深蓝色"，如图 2-2-24 所示。

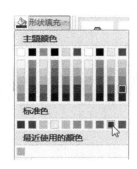

图 2-2-23　预设后的图形效果　　　　　　　　　图 2-2-24　修改颜色

（14）在"形状效果"中使用"预设"下面的"棱台"效果功能，可以让图形自动具有不同的三维立体外观。然后再选择"角度"效果，可更加凸显出六角星的三维立体感，如图 2-2-25 所示，调整后效果如图 2-2-26 所示。

图 2-2-25 "角度"效果界面

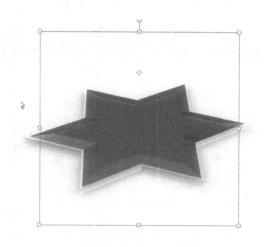

图 2-2-26 调整后的效果

（15）在"形状效果"中使用"棱台"下面的"三维旋转"效果功能，如图 2-2-27 所示，可以定义图形的摆放位置和透视效果。

图 2-2-27 "三维旋转"效果

（16）选择"离轴 2 右"，如图 2-2-28 所示，使图形处于"站立"状态。调整后的效果如图 2-2-29 所示。

图 2-2-28 "离轴 2 右"界面

图 2-2-29 调整后的效果

（17）在工具栏中，选择"插入"→"文本框"→"横排文本框"选项，如图 2-2-30 所示，单击图形内部，此时处于文字输入状态，如图 2-2-31 所示，输入"文字"。

图 2-2-30　插入文本框界面　　　　　　　　　　图 2-2-31　输入文字

（18）当文字输入后，还可以用鼠标高亮选中相应的文本，在出现的浮动菜单中对文本的样式进行一些基本的设定，如图 2-2-32 所示。

（19）当文本样式设定完成之后，单击图形外的空白区域，你可以发现文本内容会自动应用上先前的三维图形效果，和整个图形融为了一体，如图 2-2-33 所示。

图 2-2-32　设定文字属性　　　　　　　　　　图 2-2-33　最终效果

课后练习

（1）利用本任务素材，制作一个三维五角星来装饰文字。

（2）利用本任务素材，将六角形中的文字修改为艺术字体。

（3）讨论一下，怎么对只有文字的画面进行排版？

任务三　文字识别

任务分析

本任务的目标是将书面上的文字和各种的语音，识别成数字化的文字。书面文字的识别目前较流行的是 OCR 识别技术，它用扫描的方式识别文字内容。语音识别的功能在 Word 中就有，不是新出现的技术，不过它对人的普通话要求较高，最好还是依靠专业的语音识别软件来识别语音。

使用的设备：计算机、EPSON 扫描仪及相关配件。

方案设计

本任务要求熟练掌握文字识别软件和语音识别文字软件的要领，才能实现对文字的精确识别。不同的文字识别方式，准确率不同。文字的识别受操作人技能的影响很大，同样的识别方式，同样的软件，不同的人操作，识别的准确率和效率可能有很大的差别。找到识别的原理和操作规律，了解各个识别软件的共性，举一反三，可以大大提高识别效果。实现本任务，需完成以下操作方案：

1. OCR 文字识别软件的应用。
2. 扫描仪的使用。
3. 语音识别文字软件的操作。

操作技术要点

- 扫描仪的安装与使用
- OCR 文字识别概述
- OCR 文字识别适用对象
- 讯飞语音识别软件参数调整
- 语音识别准确率控制

重要知识点解析

1. 扫描仪的使用

安装扫描仪：将扫描仪通过 USB 连接线与电脑连接，如图知识点解析 1 所示。打开扫描仪电源，使用自带的驱动光盘安装扫描仪驱动或使用驱动精灵在线安装对应型号的驱动程序，当驱动程序安装完毕时，任务栏右下角会出现提示（大多数不同品牌型号的扫描仪驱动程序都不一样，但安装步骤都是通过运行光盘中的驱动程序）："硬件安装已完成，并且可以使用了"，如图知识点解析 2 所示。

知识点解析 1　计算机与扫描仪连接　　　　　知识点解析 2　扫描仪安装提示

2. OCR 文字识别

OCR 文字识别软件提供图片文字识别服务，是一个带有 PDF 文件处理功能的专业图片文字识别软件，具有识别正确率高，识别速度快的特点。OCR 文字识别软件还具有批量处理功能，避免了单页处理的麻烦；支持处理灰度、彩色、黑白三种色彩的 BMP、TIF、JPG、PDF 多种格式的图像文件；可识别简体、繁体和英文三种语言；具有简单易用的表格识别功能；具有 TXT、RTF、HTM 和 XLS 多种输出格式，并有所见即所得的版面还原功能。

3．讯飞语音软件操作要点

在讯飞语音输入面板上右击，可弹出快捷菜单，选择隐藏主窗口即可隐藏输入法界面。再在面板上右击，弹出快捷菜单，单击"设置"按钮进入基本设置页面。可以根据习惯，设置是否开机启动、创建桌面图标等，如图知识点解析 3 所示。单击基本设置下的快捷键设置，可以设置习惯的快捷键，方便输入时调用。默认无快捷键，设置后重启软件即可生效，如图知识点解析 4 所示。设置快捷键后，可以直接按快捷键控制语音开始和结束，无需再单击鼠标，这将大大提高使用方便性，建议初学者进行设置。

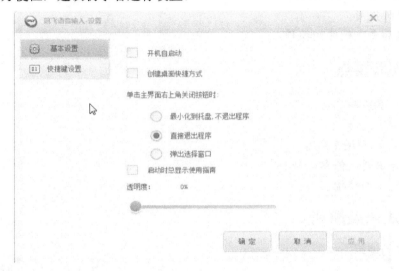

知识点解析 3　基本设置

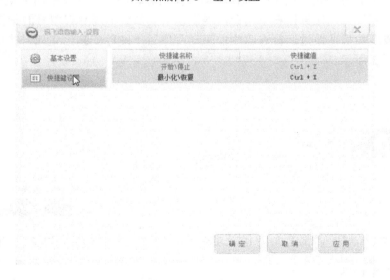

知识点解析 4　设置快捷键

操作步骤 ▷▷▷▷▷▷▷ START

1. OCR 文字识别

（1）在使用软件之前，要检查扫描仪与电脑是否链接。把数据线一头接向电脑，一头接向扫描仪，如图 2-3-1 所示。

图 2-3-1 计算机与扫描仪连接

（2）这里用到的是 EPSON 牌的扫描仪，扫描仪本身自带有 OCR 软件，不需另外下载 OCR 软件来实现文字识别。

（3）鼠标左键双击 EPSON 扫描仪自带的软件 "EPSON Smart Panel"，如图 2-3-2 所示，转换到软件选择界面，如图 2-3-3 所示。

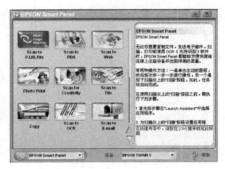

图 2-3-2　EPSON Smart Panel 软件　　　　图 2-3-3　EPSON Smart Panel 软件主界面

（4）单击软件选择界面中 "Scan to OCR"，如图 2-3-4 所示，选择 OCR 文字识别软件，准备进行文字识别。

（5）选择一本需要扫描的书，打开扫描仪，把书翻开一页，对准扫描仪摆正，如图 2-3-5 所示。

注意：被扫描的纸张或书籍摆正有利于文字识别的精确度。

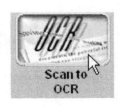

图 2-3-4　OCR 文字识别软件　　　　　　　图 2-3-5　摆正纸张扫描文字

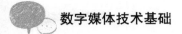
（6）在软件操作界面单击"预览"按钮，如图 2-3-6 所示，预览被扫描的书籍内容。在操作界面的右侧可以选择设置"纸张大小"和"扫描模式"，如图 2-3-7 所示，若没有特殊要求，采用默认设置即可。

图 2-3-6　"预览"按钮

图 2-3-7　设置扫描参数

（7）在软件操作界面左侧，选择具体文字进行扫描，用鼠标左键拖动左侧矩形的四角，改变矩形的大小，从而决定被识别文字的数量，如图 2-3-8 所示。用鼠标左键拖动矩形的中间部分，改变矩形的位置，从而决定被识别文字的位置，如图 2-3-9 所示。

注意：矩形选择框尽量不要选中图片，这样会降低识别率。

图 2-3-8　改变矩形框大小

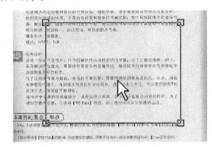

图 2-3-9　改变矩形框位置

（8）在选择好被扫描文字的位置、数量以及其他参数后，如图 2-3-10 所示，单击操作界面右下方"扫描"按钮，如图 2-3-11 所示，即可对所选文字进行扫描。

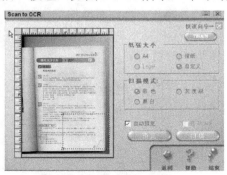

图 2-3-10　调整参数后的主界面

图 2-3-11　"扫描"按钮

（9）单击操作页面右侧"扫描其他"，如图 2-3-12 所示，对其他页面的文字进行扫描。操作步骤如以上各步骤，进行扫描。单击"完成"按钮，如图 2-3-13 所示，即完成对文字的扫描，扫描结束后主界面如图 2-3-14 所示。

图 2-3-12 "扫描其他"按钮   图 2-3-13 "完成"按钮

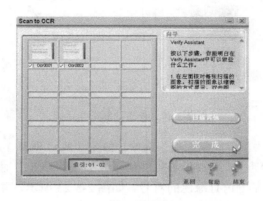

图 2-3-14 扫描结束后的主界面

（10）在文字识别操作界面，可以对语种、文件版面和段落进行简单的选择，如图 2-3-15 所示。但如无特殊要求，全部保持默认即可。选择结束后，单击"辨识"按钮，如图 2-3-16 所示，对文字进行识别。

图 2-3-15 设置文字识别参数   图 2-3-16 "辨识"按钮

（11）文字识别后，有两种打开方式，如图 2-3-17 所示，可以根据自己的需要选择。单击右侧"启动"，如图 2-3-18 所示，对识别的文字进行显示，即可完成文字的识别。

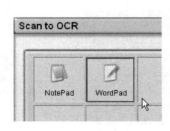

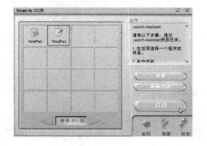

图 2-3-17 选择识别后文字的打开方式   图 2-3-18 单击"启动"按钮对识别的文字进行显示

2．语音识别文字

（1）在进行语音识别文字之前，先将准备好的话筒与电脑相连，如图 2-3-19 所示，并检查话筒是否正确连接，保证话筒能够正常传递声音。

图 2-3-19　连接计算机与话筒

（2）打开"计算机"中的"控制面板"选项，如图 2-3-20 所示，选择"硬件和声音"选项，如图 2-3-21 所示，单击"声音"，如图 2-3-22 所示，弹出"声音"对话框，并选择"录制"选项，发现"麦克风"图标左下角有绿色的对号，如图 2-3-23 所示，并对着麦克风说话，如果有绿色的声音条，如图 2-3-24 所示，说明话筒正确连接。

图 2-3-20　控制面板

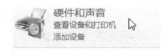

图 2-3-21　硬件和声音

图 2-3-22　声音选项

图 2-3-23　麦克风连接显示界面

图 2-3-24　麦克风声音显示界面

（3）双击"讯飞语音输入"软件，进入讯飞语音输入软件语音输入界面，如图 2-3-25 所示。

（4）在讯飞语音输入面板打开的情况下，输入光标定位在需要进行文本输入的地方，然后单击讯飞输入面板的麦克风按键，即可进行语音输入；说话结束后，再次单击"麦克风"按钮，进入识别界面，返回识别结果，如图 2-3-26 所示。

图 2-3-25　讯飞语音输入软件语音输入界面

图 2-3-26　语音输入后等待听写结果

（5）如要在"文本文档"中语音识别，需要新建一个新文本文档，如图 2-3-27 所示，打开文本文档，按照以上操作，进行语音输入"语音识别"，即可完成在"文本文档"中的语音识别，如图 2-3-28 所示。

图 2-3-27　新建文本文档图

图 2-3-28　"文本文档"语音识别界面

（6）如要在"Word 文档"中语音识别，先新建一个新 Word 文档，如图 2-3-29 所示，打开 Word 文档，按照以上操作，进行语音输入"识别文字"，即可完成在"Word 文档"中的语音识别，如图 2-3-30 所示。

图 2-3-29　新建 Word 文档　　　　　　　　图 2-3-30　"Word 文档"语音识别界面

（7）如要在"网页搜索"中语音识别，先打开"百度"网页，如图 2-3-31 所示，按照以上操作，进行语音输入"搜索内容"，即可完成在"网页搜索"中的语音识别，如图 2-3-32 所示。

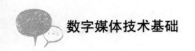

图 2-3-31　网页搜索界面

图 2-3-32　"网页搜索"语音识别界面

（8）如要在"聊天工具"中语音识别，先打开"QQ"聊天窗口，按照以上操作，进行语音输入"你好"，即可完成在"QQ"中的语音识别，如图 2-3-33 所示。

图 2-3-33　聊天工具语音输入文字界面

 **课后练习 2**

（1）了解到本任务的语音识别软件，试一试能否在其他 OFFICE 软件中进行语音输入？

（2）总结一下，如何提高语音识别文字的正确率？

（3）思考一下，并搜集资料，还可以用什么其他方式进行对文字的识别？

数字音频技术

  数字音频是新媒体业务的重要组成部分，数字音频技术也已经成为多媒体的一个重要研究领域，并已被广泛地应用于数字音频广播（DAB）、高清晰度电视（HDTV）、多媒体网络通信等领域中。数字音频是一种利用数字化手段对声音进行录制、存放、编辑、压缩或播放的技术，它是随着数字信号处理技术、计算机技术、多媒体技术的发展而形成的一种全新的声音处理手段。数字声音和一般磁带、广播、电视中的声音就存储及播放方式而言有着本质区别。相比而言，它具有存储方便、存储成本低廉、存储和传输的过程中没有声音的失真、编辑和处理非常方便等特点。

  数字音频文件有四个主要指标，这也是采样时考虑的主要技术参数：

  （1）采样频率：简单地说，就是通过波形采样的方法记录一秒长度的声音，需要多少个数据。原则上采样率越高，声音的质量越好。

  （2）压缩率：通常指音乐文件压缩前和压缩后大小的比值，用来简单描述数字声音的压缩效率。

  （3）比特率：是另一种数字音乐压缩效率的参考性指标，表示记录音频数据每秒钟所需要的平均比特值，通常我们用 Kbps 作为单位。

  （4）量化级：简单地说，就是描述声音波形的数据是多少位的二进制数据，通常用 bit 作为单位，量化级也是数字声音质量的重要指标。

  常用的数字音频格式主要有：WAVE 格式、AIFF 格式、AU 格式、MP3 格式、WMA 格式、OggVorbis 格式、APE 格式、FLAC 格式和 ACC 格式等。其中 MP3 格式是最流行的一种格式，它在保证了较高音质的情况下，进行高压缩比，使其具有较小的尺寸。WMA 格式的最大优势是支持音频流技术，适合在网络上在线播放。WAVE 格式从音质上来说可以和 CD 相媲美，但其缺点是需要的存储空间太大。APE 格式和 FLAC 格式都是无损压缩技术，这两种格式满足了人们对高音质音频文件的需求，尤其是 FLAC 格式，当音频以这种格式压缩时不会丢失任何信息。

  音频的加工处理可分为这样几个阶段：拾音过程，声、电转换过程，声音调节处理过程，

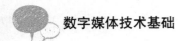

声音的记录过程，以及声音的处理过程。本章内容从数字音频制作知识和软件操作两方面入手，主要介绍了音频基础知识、Adobe Audition CS6 软件的基本操作、数字音频编辑流程等，力求使学生能够使用 Adobe Audition CS6 软件制作出真正意义上的数字音频作品。

任务一　录制一段诗歌

 任务分析

本任务是在录音室使用话筒和 Adobe Audition CS6 软件录制一段诗歌，学生通过此任务的学习和操作能体会到连接设备的技能，又能练习到录制话筒声音的方法和步骤，此任务录制内容为余光中的著名诗歌——《乡愁》。

小时候，乡愁是一枚小小的邮票，我在这头，母亲在那头。长大后，乡愁是一张窄窄的船票，我在这头，新娘在那头。后来啊，乡愁是一方矮矮的坟墓，我在外头，母亲在里头。而现在，乡愁是一湾浅浅的海峡，我在这头，大陆在那头。

使用的设备：罗德 NTG3 超指向麦克风；音频编辑工作站。

使用的软件：Adobe Audition CS6。

 制作方案设计

本任务录制的是一段诗歌音频，要保证所录制的人声干净、清晰，使最终作品具备一定的欣赏性和审美性。制作时，首先要熟悉文字内容，并了解话筒的分类和使用技巧，掌握音频编辑的基本操作，制定出具体的制作方案如下：

1. 将话筒与音频编辑工作站正确连接。
2. 打开 Adobe Audition CS6 软件进行音频录制。
3. 将音频文件进行必要处理。

 操作技术要点

- 录音之前的准备
- 话筒的分类与使用技巧
- Adobe Audition CS6 的基本操作
- 监控录音电平
- 淡入淡出

重要知识点解析

1. 录音之前的准备

如果要录制一段旁白，那么我们需要做好如下准备：

第一步，选好录音环境，最好选择专业的录音室，如图知识点解析 1 所示。如果条件有限，至少要在一个空间较小，窗户较少，隔音效果较好的安静房间。

知识点解析 1 专业录音棚

第二步，准备一台音频编辑工作站，如图知识点解析 2 所示，并查看是否已安装好声卡，如图知识点解析 3 所示。

知识点解析 2 音频编辑工作站

知识点解析 3 声卡

第三步，准备耳机和麦克风，如图知识点解析 4 和知识点解析 5 所示，将耳机连接至计算机主机的耳机接口，如图知识点解析 6 所示。将麦克风连接至计算机主机的麦克风接口，如图知识点解析 7 所示。

知识点解析 4 耳机

知识点解析 5 麦克风

第四步，在电脑中安装音频编辑软件——Adobe Audition CS6，如图知识点解析 8 所示。

知识点解析 6 耳机接口

知识点解析 7 麦克风接口

知识点解析 8 Adobe Audition CS6

2.话筒的分类与使用技巧

一个音频文件质量的高低取决于很多因素，前期的录制过程是非常重要的环节。所以，需要先了解前期录制过程的"主角"——话筒。话筒也就是人们常说的 microphone，音译为"麦克风"，也叫做传声器。它是在录音中拾取声音信号，并将声音信号转换成电信号的基本设备。所录制声音的好坏，很大程度上取决于话筒的合理选择和规范使用，因此有必要深入了解话筒的分类和使用技巧，从而更好地录制出高质量的作品。

常用话筒的分类方法：按照话筒转换能量的方式来分类，可分为动圈话筒，如图知识点解析 9 所示；电容话筒，如图知识点解析 10 所示；铝带式话筒，如图知识点解析 11 所示。

知识点解析 9　动圈话筒　　　　知识点解析 10　电容话筒　　　知识点解析 11　铝带式话筒

（1）动圈话筒，是由磁场中运动的导体产生电信号的话筒。它是由振膜带动线圈振动，从而使在磁场中的线圈感应出电压，如图知识点解析 12 所示。动圈话筒的优点是构造简单、价格低廉、工作稳定、坚固耐用、寿命长。动圈话筒是应用最广泛的话筒，多为手持式，因此大多用在演出中，当然也被广泛使用于各种录音场合。动圈话筒是新闻采访时的优良选择，其在抑制瞬时声音过载方面性能最好。但是由于它的灵敏度比较低，频率响应也不够宽（最佳状态为 40Hz～16kHz，而人耳平均听力极限约为 20Hz～20kHz），所以如果用动圈话筒来录制一些频率较宽、动态较大、泛音成分较多的声源（如细腻的人声演唱，或管弦乐队的合奏等），就显得有些力不从心了。动圈话筒在与说话者大约 20～40 厘米的距离使用最佳，但在强噪声情况下距离应适当减少。当必须近距离使用话筒时，可在话筒的顶端盖一个挡风板进一步减少爆破音的影响，还可消除大部分的现场噪声。

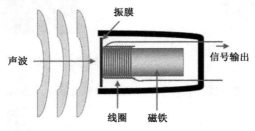

知识点解析 12　动圈话筒的工作原理

（2）电容话筒，其构造和动圈话筒不一样，它由一片很薄的金属片来作为振膜，另外还有一块金属后极板，当加电之后，两者构成一个电容器。振膜振动时，其距离和极板不断变化，其电容量也随之变化，这样就产生了变化的电信号，如图知识点解析 13 所示。因此，电容话筒是需要供电才能使用的。电容话筒的特点是灵敏度高、录制声音带较宽、可达 20Hz～20kHz或更宽，拾取的声音可保持声源的优美声色，是目前专业录音中最常用的话筒。但其较为娇贵，需要 1.5～3 伏的电源供电。在录制美声、民间歌曲时，常使用频响曲线平直、技术特性好的电容话筒。它的缺点是对环境噪声比较敏感，振膜也比较脆弱，寿命较短，因此不太适合室外使用。电容话筒离说话者的嘴部大约 35 厘米时拾取声音较好，距离超过 50 厘米及偏离话筒方向将会使拾取的声音失真、变小、噪声增加。

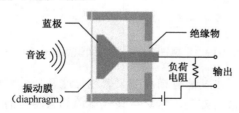

知识点解析 13　电容话筒的工作原理

（3）铝带式话筒，主要部件由铝箔、磁钢、支架、外壳、变压器及电路部分组成。话筒的核心部件铝带，其实是一段很薄的、带状的、有折痕的纯铝箔。在成品话筒里，厚度通常是 2～5 微米，长度 50 毫米，宽 5 毫米左右，如图知识点解析 14 所示。铝带式话筒是一种古老的专业话筒，有 8 字形的拾音特性图，能拾取来自前方和后方的信号，声音温和动听，频响平直，相位、瞬态失真小，能拾取动态极大的声音而不失真，20 世纪三四十年代曾经广泛应用在电台、录音棚等专业场合，为那个时代的著名音乐家以及歌手记录下不朽乐章。但铝带话筒有输出信号小、怕风、铝带易受潮损坏的缺点，限制了它的使用范围。

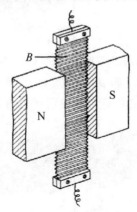

知识点解析 14　铝带式话筒的工作原理

按照话筒的指向型来分类，可分为全向型话筒，如图知识点解析 15 所示；心型话筒，如图知识点解析 16 所示；超心型话筒，如图知识点解析 17 所示；8 字型（双向型）话筒，如图知识点解析 18 所示。

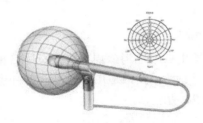

知识点解析 15　全向型话筒示意图

知识点解析 16　心型话筒示意图

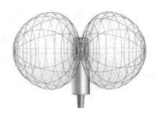

知识点解析 17　超心型话筒示意图　　　　知识点解析 18　8 字型（双向型）话筒示意图

（1）全向型话筒，对所有角度都有相同的灵敏度，这意味着它可以从所有方向均衡地拾取声音。因此，话筒不必指向某一方向，这对领夹式话筒而言特别有意义。全向型话筒的缺点是无法避开不必要的声源，如广播扩音器等，所以可能会有回音，如图知识点解析 19 所示。

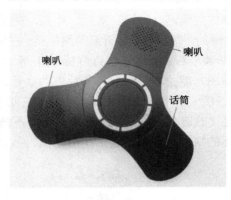

知识点解析 19　全向型话筒

（2）心型话筒，前端灵敏度最强，后端灵敏度最弱。这样可以隔绝多余的环境噪声，且消除回音的效果优于全向型话筒。因此，心型话筒尤其适用于喧闹的舞台，如图知识点解析 20 所示。

知识点解析 20　心型话筒

（3）超心型话筒，拾音区域比心型话筒更窄，能够更有效地消除周围噪声。但这种话筒后端也会拾取声音，因此，监听扬声器必须正确放置。超心型话筒最适用于在吵闹的环境中拾取单一声源，能够最有效地消除回音，如图知识点解析 21 所示。

（4）8 字型（双向型）话筒，分别从话筒前方和后方拾取声音，但不从侧面（90 度角）拾音。8 字型拾音模式的话筒通常为铝带式或大型振膜话筒，如图知识点解析 22 所示。

知识点解析 21 超心型话筒   知识点解析 22 8 字型（双向型）话筒

信息邻近效应：每个指向型话筒（心型、超心型）都有所谓的邻近效应。当话筒靠近声源时，低音响应增加，因此声音更加饱满，从而产生邻近效应。专业歌手经常利用这种效果，若想测试效果，则试着在唱歌时把话筒逐步靠近嘴唇，然后聆听声音的变化。

话筒使用的技巧和注意事项：从话筒传出来的信号一般是进入话筒放大器（俗称话放），如图知识点解析 23 所示，或者直接进入调音台（调音台自带话放），如图知识点解析 24 所示，甚至有的直接插到声卡上（声卡本身自带话放），如图知识点解析 25 所示。

知识点解析 23 话筒放大器   知识点解析 24 调音台   知识点解析 25 声卡

在录音室里话筒线都比较长，因此几乎所有的专业录音话筒都是低阻抗的。低阻抗的优点在于可以将由话筒线产生的交流声等噪声干扰减少到最低，同时高频损失也比较小。话筒的接头必须始终保持清洁、干燥、连接良好。

专业话筒都有雌雄的卡侬接头，如图知识点解析 26 所示。话筒本身输出来的电信号是非常弱的，这样的弱电流就极易受到干扰，产生各种噪声。因此，必须使用质量好的话筒线来进行传输。首先，话筒线的屏蔽性要好。另外，话筒线本身的导电性等都要尽量选好的。如果话筒线与电源线平行、垂直交叉会产生交流声，因此最好离开电源线 1 米以上或把话筒线穿入金属管中即可。荧光灯也可能产生讨厌的嗡嗡声，计算机和某些医疗设备，特别是电焊机或一些音频电缆设备，将会产生噪声，因此也要尽量远离这些电子设备。

话筒是一种精密的电声器件，在使用过程中注意防止震动或过载，在室外工作时，话筒应戴上防风罩，如图知识点解析 27 所示，同时还要注意话筒的防潮问题。

知识点解析 26　卡侬接头

知识点解析 27　各式话筒防风罩

在使用无线手持话筒录制声音时，如图知识点解析 28 所示，要注意话筒和嘴部保持适当的距离。有条件的最好在话筒上加套泡沫塑料防风罩，这样能减少杂音干扰。另外一定要注意在强声压作用下话筒会产生谐波失真的问题，声压愈高谐波失真愈大，当谐波失真达到容许值上限时，此时的声压级就是话筒的最大声压级。一般优质的动圈话筒最大声压级可达到 140dB 左右，优质电容话筒最大声压级在 130dB 左右，所以播音员或主持人在使用固定话筒时应注意各种话筒的特性，嘴部离话筒不能太近也不能太远。近了容易产生谐波失真，远了声音不清晰，最好在 25cm 左右，并且与嘴部同高，这种位置可以得到清晰逼真的声音。

在使用超小型的领夹话筒录制节目时，如图知识点解析 29 所示，要根据节目的内容和表现形式的不同来选择使用有线或无线中的任意一种。小品类等表演型节目要在舞台上来回走动，选用无线领夹最合适；谈话、辩论赛类节目没有太大的动作，用有线领夹就可以了。

知识点解析 28　无线手持话筒

知识点解析 29　领夹话筒

使用超心型指向话筒时，演员头部扭动会影响音量大小；话筒头和服装摩擦会产生"沙沙"声；做剧烈活动时，话筒发射机还容易脱落。所以，在使用中要注意避免这些因素带来的不利影响。

3．Adobe Audition CS6 的基本操作

Adobe Audition CS6 是最常用的专业音频编辑和混合环境软件，原名为 Cool Edit Pro，被 Adobe 公司收购后，改名为 Adobe Audition。在此对 Audition CS6 版本的界面，以及常用操作进行基础的讲解，如图知识点解析 30 所示。

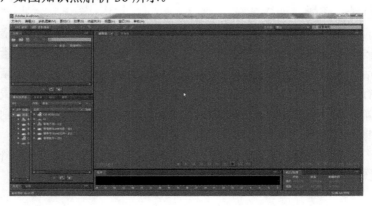

知识点解析 30　Adobe Audition CS6 操作界面

（1）Adobe Audition CS6 有三种工作环境选择，分别介绍如下。

① 单轨迹编辑环境，如图知识点解析 31 所示，即专门为单轨迹波形音频文件进行编辑设置的界面，比较适合处理单个的音频文件。

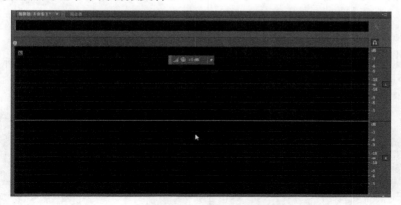

知识点解析 31　单轨迹编辑环境

② 多轨迹编辑环境，如图知识点解析 32 所示，即对多个音频文件进行编辑，可以制作更具特效的音频文件。

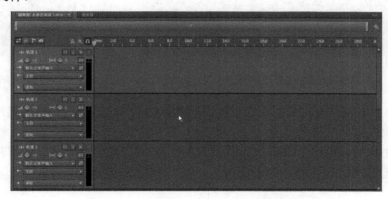

知识点解析 32　多轨迹编辑环境

③ CD 模式编辑环境，如图知识点解析 33 所示，可以整理集合音频文件，并转化为 CD 音频。

知识点解析 33　CD 模式编辑环境

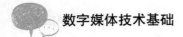

（2）这三种工作环境可以根据需求在创建项目时进行选择，当然也可以使用数字快捷键实时切换。还可用多轨视图按钮、波形视图按钮、CD 视图按钮，或者使用菜单栏的 View（窗口）来选择切换，如图知识点解析 34 所示。

知识点解析 34　视图菜单

（3）Adobe Audition CS6 界面的窗口可自由布局，可以大致分为工作区，如图知识点解析 35 所示；素材区，如图知识点解析 36 所示；显示区，如图知识点解析 37 所示。这些都是自由窗口，可以任意调整其窗口大小、位置及组合等。

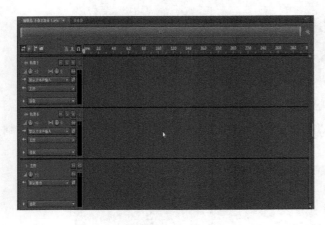

知识点解析 35　工作区

知识点解析 36　素材区

（4）除了软件默认的窗口外，还有很多不同功能的面板。工作时只要在菜单栏调用，即可把相应功能的面板显示在用户界面。

在菜单栏上找到"窗口"选项，如图知识点解析 38，在菜单中可以看到其提供了很多选择，只需要勾选所需使用到的功能即可。

知识点解析 37　显示区

知识点解析 38　窗口菜单

（5）当需要关闭某个面板时，可以单击相应的面板标题旁的红叉来关闭该功能，如图知识点解析 39 所示。当然，组合窗口还可以在右侧进行选择关闭，以免错点。

知识点解析 39 关闭面板

（6）本软件界面中的工具栏，如图知识点解析 40 所示，是对音频进行编辑处理的工具，也要熟悉应用，不可忽略。

知识点解析 40 工具栏

4．基本音频录制及保存

（1）如何创建工程，如何进行录音

创建工程分为两种，一种是单轨模式，另一种是多轨模式。创建单轨模式工程，直接单击"波形"，如图知识点解析 41 所示，或鼠标右击文件窗口，选择"新建"选项，然后选择"音频文件"就是单轨模式，选择"多轨混音项目"就是多轨模式，如图知识点解析 42 所示。单轨模式可以进行单轨录音，多轨模式可以进行多轨混音合成。

知识点解析 41 创建单轨模式

知识点解析 42 创建单轨模式或多轨模式

（2）如何进行单轨模式录音

单击"新建"选项，再单击"音频文件"后，弹出新建音频文件的窗口，如图知识点解析 43 所示，可以根据需要更改文件名，再根据声卡的优劣选择采样率，接下来选择所创建工程的声道数，如果创建人声录音轨建议选用单声道。声道下面是位深度，位深度越高音质越好，但要依据自己的硬件条件适当选择。设置完成后单击"确定"按钮，就创建了一个空的单轨模式的工程，如图知识点解析 44 所示。

知识点解析 43 新建单轨音频文件的窗口

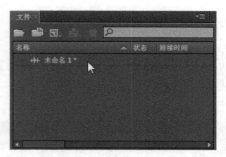

知识点解析 44 完成创建的单轨模式工程

创建工程完成后，单击"录音键"按钮，即可开始录音，如图知识点解析 45 所示。录音过程中，按"空格键"可随时停止录音，停止后会默认将已录音频全部选中，任意单击界面取消全部选中。这时，再按"空格键"即可播放录音。

知识点解析 45　录音键

（3）如何进行多轨模式录音

在"文件"菜单中选择"新建"→"多轨混音项目"选项，此时会弹出新建多轨混音的窗口，如图知识点解析 46 所示，在弹出的窗口中根据需要更改文件名，接下来采样率和位深度的选择与单轨模式相同，设置好后单击"确定"按钮，这时候多轨模式工程就创建完毕了，如图知识点解析 47 所示。

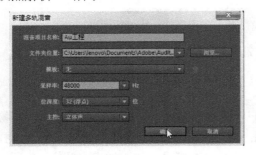

知识点解析 46　新建多轨混音文件的窗口

知识点解析 47　完成创建的多轨模式工程

如果想要录音，要单击"录音键"按钮，然后单击轨道面板上的"R"键进行录音，如图知识点解析 48 所示。如果希望录音的时候听到自己的声音，可单击轨道面板上的"I"键进行"兼听"，如图知识点解析 49 所示。录音完毕后要再次单击"R"键，即可取消录音。

知识点解析 48　单击录音键"R"

知识点解析 49　单击监听键"I"

（4）音频编辑的基础知识

在工作区中最上方区域为音频预览栏，如图知识点解析 50 所示，下面是标尺栏，如图知识点解析 51 所示，标尺栏可以右击来调整自己的需要。工作区中黄色头部下延伸出的一条红线叫做播放指针，如图知识点解析 52 所示，可以通过单击来定位，也可以用左键点中黄色的头部来拉动。

知识点解析 50　音频预览栏

知识点解析 51　标尺栏

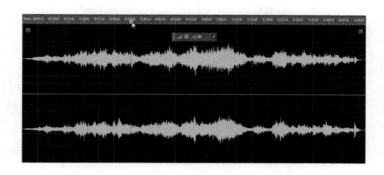

知识点解析 52　播放指针

工作区中的小矩形框是音量控制框，如图知识点解析 53 所示。其可以自由移动，也可以直接在里面输入数字，负数是降低音量，正数是增加音量，亦可以拉动旋钮来改变音量。工作区中的左下角有一个时间显示框，如图知识点解析 54 所示，显示的是播放指针停留的时间点，可以通过直接输入时间来改变播放指针的位置。

知识点解析 53　音量控制框　　　　知识点解析 54　播放指针停留的时间点

工作区中间的一排是走带功能键区，如图知识点解析 55 所示，其中第一个是停止键，第二个是播放键，第三个是暂停键，第四个是切换到上一个标记键，第五个是快退功能键，第六个是快进功能键，第七个是切换到下一个标记键，第八个是录音键，第九个是循环功能键（在音轨上按住鼠标左键拉动可以选取一段音频，然后按循环键就会循环播放选取的音频），最后一个是跳过选区键。

工作区右下角的一排是缩放功能键区，如图知识点解析 56 所示，第一个是垂直放大波形功能键，第二个是垂直缩小功能键，第三个是水平放大波形功能键，第四个就是水平缩小波形功能键，第五个是重置所有的缩放键，第六个是初点放大键（会放大选区左边），第七个是终点放大键（会放大选区右边），最后一个是放大选区范围键（可以直接将选区范围放到全屏）。

知识点解析 55　走带按钮　　　　知识点解析 56　缩放功能键

工作区标尺最右边的地方是吸附功能键，如图知识点解析 57，用来开启或关闭吸附功能。

监控录音电平

录音电平即录音的音量，在录音时要尽量保证录制的声音以最高电平进入麦克风，声音的电平越高，声音也就越清晰。但是，声卡对可处理的声音电平是有一个限度的，太高的电平会使声音出现爆音，听起来不舒服。那么就可以通过监视录音电平，来调整录音音量的大小。

知识点解析 57　吸附功能键

首先，在"窗口"菜单中选中"电平表"选项，如图知识点解析 58 所示。设置了录音电平后，就可以在录音电平中实时监控录音音量的大小，如图知识点解析 59 所示。

知识点解析 58　选中"窗口"菜单中的"电平表"选项

知识点解析 59　监控录音电平

由于音频设备能够记录的声音强度是有上限的，在数字音频软件系统中，最大的声音被规定为 0dB，超过 0dB 的声音是无法被记录下来的，而最小的声音是负无穷 dB。为了保险起见，在观察电平表时，尽量将最大声峰值保持在低于-3dB 的黄色范围内。

5．淡入淡出

淡入淡出是在音频剪辑中经常会使用到的功能，主要的目的是使声音的音量达到平滑的过渡，消除音量突然变弱或突然变强的感觉。在 Adobe Audition CS6 软件中，淡入淡出的方法是通过音频编辑窗口的"默认"按钮来拉伸。工作区左上角的方框负责淡入，如图知识点解析 60 所示。工作区右上角的方框负责淡出，如图知识点解析 61 所示。

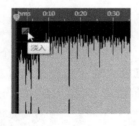

知识点解析 60　淡入键

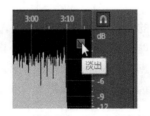

知识点解析 61　淡出键

以淡入为例，单击淡入键进行上下及左右的拖动，如图知识点解析 62 所示，找到合适的位置后松开左键即可。

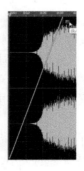

知识点解析 62　设置音量淡入

 操作步骤 ▷▷▷▷▷▷▷ START

（1）录音环境对录音质量的影响很大，如有条件，最好选择专业的录音棚，如图 3-1-1 所示。如果没有专业的录音棚，也要找一个窗户较少，面积较小的安静房间。但不要在几乎没有物件摆设的空房间录音，这种房间会产生较大的回声波，使录出的声音不纯净。房间内有家具、沙发、地毯等能够吸收声音的材料，产生的回声弱，录出的声音就会比较纯净。

（2）根据现有条件，选择合适的话筒，在此以罗德 NGT-3 超指向话筒为例进行介绍，如图 3-1-2 所示。

图 3-1-1　专业录音棚

图 3-1-2　罗德 NGT-3 超指向话筒

（3）将话筒与录音设备的接口相连接，如图 3-1-3 所示，将监听耳机插入监听接口，如图 3-1-4 所示。

图 3-1-3　话筒接口

图 3-1-4　监听耳机接口

（4）将录音选项的来源设为麦克风，首先在桌面右下角的小喇叭上右击，如图 3-1-5 所示，在快捷键菜单中选择"录音设备"选项，如图 3-1-6 所示。

图 3-1-5　音量键

图 3-1-6　选择"录音设备"选项

先要认准麦克风，有的机器自带麦克风，有的可以插入多个麦克风，当插入麦克风之后就会出现多个麦克风如图 3-1-7 所示，可以通过拔插外接的麦克风，确定哪个是你需要使用的麦克风，拔插时对话窗口上的麦克风就会消失或出现进而确认。

确认准麦克风之后，在确定的麦克风上面右击，在快捷键菜单中选择"设置为默认设备"选项，如图 3-1-8 所示。

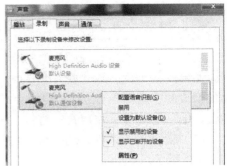

图 3-1-7 录制窗口 图 3-1-8 选择"设置为默认设备"选项

然后单击菜单中的"属性"按钮，如图 3-1-9 所示，或者在麦克风上面右击选择"属性"选项，如图 3-1-10 所示，在"级别"选项中把"麦克风"拉到最右面，然后把"麦克风加强"选择 10db 即可，如图 3-1-11 所示。

图 3-1-9 "属性"按键 图 3-1-10 选择"属性"选项

图 3-1-11 调整麦克风属性

如果在录音时有噪声或者回音，在"增强"选项中把"DC 偏移消除"、"噪声抑制"、"回声消除"勾选即可，如图 3-1-12 所示。在"高级"选项中，选择 16 位的位深度和 48000Hz 的采样率，如图 3-1-13 所示。

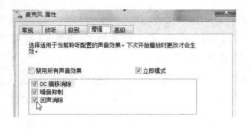

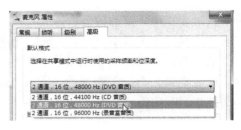

图 3-1-12 麦克风属性增强窗口 图 3-1-13 麦克风属性高级对话框

（5）启动 Adobe Audition CS6 软件，单击"文件"菜单中的"新建"选项，选择"音频文件"命令，如图 3-1-14 所示。此时会弹出新建音频文件对话框，设置文件名为《试录乡愁》，采样率为 48000HZ，声道为单声道，16 位的位深度，单击"确定"按钮，如图 3-1-15 所示。

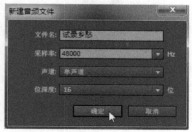

图 3-1-14　新建音频文件　　　　　　　　　图 3-1-15　新建音频文件对话框

（6）单击"编辑"→"首选项"→"音频硬件"选项，如图 3-1-16 所示。选择"默认输入设备"为自己使用的麦克风，如图 3-1-17 所示，选择"默认输出设备"为自己监听用的耳机，如图 3-1-18 所示。

图 3-1-16　选择"音频硬件"选项

图 3-1-17　选择默认输入设备　　　　　　　图 3-1-18　选择默认输出设备

（7）将朗读诗歌的同学带进录音棚，调整麦克风的高度与朗读者的口部同高，调整麦克风与朗读的口部为 25 厘米。

（8）录音师带上监听耳机，单击走带面板中的"录制"按钮，如图 3-1-19 所示，给朗读诗歌的同学手势，让朗读诗歌的同学开始试读。

图 3-1-19　走带面板中的"录制"按钮

（9）试录结束以后，再次单击"录制"键停止录制。以高声朗读的部分为基准，将播放指针移到振幅最大处，如图 3-1-20 所示，检查录音电平是否超过-3dB 以上，如图 3-1-21 所示。

图 3-1-20　移动播放指针到振幅最大处　　　　图 3-1-21　观察录音电平范围

录音电平如超过设置范围，则适当降低录音音量；如果高声部分录音电平过低，则适当增强录音音量。调节音量的方法为调整音量控制框，可以直接在里面输入数字，负数是降低音量，正数是增加音量，如图 3-1-22 所示，亦可以拉动旋钮来改变音量，如图 3-1-23 所示。

图 3-1-22　调整音量大小　　　　图 3-1-23　调整音量大小

（10）重新建立一个音频文件，文件名设置为《乡愁》，单击"确定"按钮，按下"录制"按钮，开始正式录音。在录音的同时能够看到波形出现在工作界面中，如图 3-1-24 所示，且录音电平在正常的范围内移动就是正常的情况，如图 3-1-25 所示。

图 3-1-24　录音波形　　　　图 3-1-25　录音电平

（11）将音频文件保存。单击"文件"选择菜单中的"存储"选项，如图 3-1-26 所示。

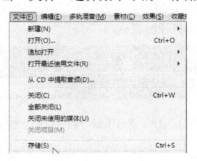

图 3-1-26　保存音频文件

（12）音频编辑。

① 查看音频波形和频谱。若要查看频谱显示，在工具栏中单击"频谱频率显示"选项，如图3-1-27所示。拖动波形显示和频谱显示中间的分隔条可以调整它们的占居区域，如图3-1-28所示。

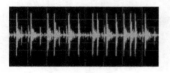

图3-1-27 单击"频谱频率显示"按钮

图3-1-28 分隔条

有了清晰的振幅变化显示图，波形就能完美识别声乐、鼓乐和其他音乐的内在独特变化，如图3-1-29所示。通过频谱显示视图就能够分析音频信号数据，来辨别哪个频率出现次数最多，颜色越鲜艳表示越大的振幅分量。色范围从暗蓝（低振幅频率）到亮黄（高振幅频率），如图3-1-30所示。频谱显示对移除不理想的声音，像咳嗽声等，是再好不过的了。

图3-1-29 音频波形显示

图3-1-30 音频频谱显示

② 选取时间范围。首先，在工具栏中选择"时间选区工具"选项，如图3-1-31所示。然后，在"编辑器"面板中拖拉来选取一个范围，如图3-1-32所示。

图3-1-31 单击"时间选区工具"按钮

图3-1-32 选取一个范围

③ 复制或剪切音频数据。在"波形编辑器"中，选择想要复制或剪切的音频数据，单击"编辑"→"复制"选项，如图3-1-33所示，即可复制一段音频。单击"编辑"→"剪切"选项，如图3-1-34所示，即可剪切一段音频到剪贴板。

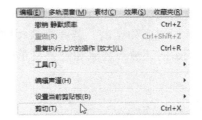

图 3-1-33　选择"复制"选项　　　　　　　图 3-1-34　选择"剪切"选项

④ 粘贴音频数据。若要音频移动到当前文件，可将实时指示器放在想要插入或替换现有音频的地方，如图 3-1-35 所示，然后单击"编辑"→"粘贴"选项，如图 3-1-36 所示。

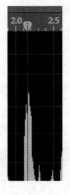

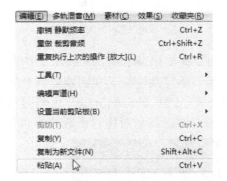

图 3-1-35　实时指示器　　　　　　　　　　图 3-1-36　选择"粘贴"选项

⑤ 删除或裁减音频。选取想要删除的一段音频，单击"编辑"→"删除"选项，如图 3-1-37 所示，即可删除此段音频。若想裁剪一段音频单击"编辑"→"裁减"选项，如图 3-1-38 所示，即可移除此段音频的开头和结尾。

图 3-1-37　选择"删除"选项　　　　　　　图 3-1-38　选择"裁减"选项

⑥ 添加、选择、删除和重命名标记。标记能让我们在波形中轻松定位，一个标记可以是一个点、一个范围，将实时指示器放在想要标记的点，或选取一段时间范围，单击"编辑"→"标记"→"添加提示标记"选项，如图 3-1-39 所示。单击标记，即可选择该标记。右击标记，单击"删除标记"选项，如图 3-1-40 所示，即可删除标记，单击"重命名标记"选项，如图 3-1-41 所示，即可重命名标记，并在左侧名称位置更改名称，如图 3-1-42 所示。

图 3-1-39　选择"添加提示标记"选项　　　　　　　图 3-1-40　选择"删除标记"选项

图 3-1-41 选择"重命名标记"选项　　　　　图 3-1-42 修改标记名称

⑦ 撤销。工作中，每次操作都会留下编辑痕迹，Audition 会提供无限的撤销容量，直到关闭和保存文件前。若由于操作失当，要撤销回到上一步操作可按快捷键"Ctrl"键+"Z"键，即可回到上一步操作。

（13）音频录制且编辑好以后，单击"文件"→"导出"→"文件"命令，如图 3-1-43 所示，此时会弹出导出文件的窗口，为了文件便于保存且音质较高，我们选择 MP3 的音频格式如图 3-1-44 所示。这种格式具有高压缩比，且音质接近 CD，选择合适的格式再选择合适的导出位置，如图 3-1-45 所示，单击"确定"按钮，这样这个音频作品就制作完成了，如图 3-1-46 所示。

图 3-1-43 导出文件命令

图 3-1-44 选择导出格式　　　图 3-1-45 选择导出位置　　　图 3-1-46 《乡愁》MP3 文件

 课后练习

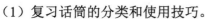

（1）复习话筒的分类和使用技巧。

（2）继续熟悉 Adobe Audition CS6 的基本操作。

（3）自己录制一段旁白，并保存输出。

（4）录音的电脑应该距离麦克风多远？如果放在麦克旁边方便操作，这样处理对吗？

（5）录制声音时，担心在人声空白处录进的咳嗽声、桌椅磕碰声，每出现一次，都重新朗读，这样处理合理吗？

任务二　一个人为多个角色配音

 任务分析

本任务是由一个人为《小马过河》配音。首先将人物的配音录制成一段音频，再通过音频

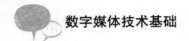
软件的编辑处理，最终变成多人配音的音频作品。学生通过本任务的学习和操作，能够深入地体会和掌握声音的伸缩与变调功能，这两种也是处理音频文件十分常用而又重要的功能。此外，学生在掌握本任务的功能后，可以进行更多的尝试、拓展和创新，从而创造出更多、更好的音频作品。

配音内容：

马棚里住着一匹老马和一匹小马。有一天，老马对小马说："你已经长大了，帮妈妈做点事，把这半口袋麦子驮到磨坊去吧。"

小马驮起口袋，飞快地往磨坊跑去。跑着跑着，一条小河挡住了去路。小马向四周望望，看见一头老牛在河边吃草，小马问道："牛伯伯，请您告诉我，这条河，我能趟过去吗？"老牛说："水很浅，刚没过小腿，能趟过去。"小马听了老牛的话立刻跑到河边，准备过去。突然，从树上跳下一只松鼠，拦住它大叫："小马！别过河，别过河，水很深，你会淹死的！"小马连忙收住脚步，不知道怎么办才好。

本任务文稿位置：一个人为多个角色配音/《小马过河》。

使用的设备：罗德强指向麦克风，话筒架，音频编辑工作站。

使用的软件：Adobe Audition CS6。

制作方案设计

本任务录制的是《小马过河》的一个片段，最终制作好的作品要保证声音干净、清晰、有趣、动听，具备一定的审美性和娱乐性。制作时，要熟悉配音内容，了解基本的音频编辑、处理操作的步骤，掌握应用音频效果的技巧，制定出的具体制作方案如下：

1. 将话筒与电脑正确连接。
2. 打开 Adobe Audition CS6 软件进行音频录制。
3. 将音频进行初步的必要处理。
4. 将音频各部分进行合理地伸缩与变调。

操作技术要点

- 音频输入的采样率与输出设备相匹配
- 振幅与压限的处理
- 降噪
- 伸缩与变调的处理
- 静音区的插入和删除

重要知识点解析

1. 常见数字音频格式

对各种常见数字音频格式特点有所了解，有助于学生正确选择音频格式，保存自己制作的音频作品。以下对常见的一些数字音频格式做一个简单的介绍。

（1）WAVE

WAVE 是微软公司开发的一种声音文件格式，如图知识点解析 1 所示，用于保存 Windows 平台的音频信息资源，其被 Windows 平台及其应用程序所支持。标准格式的 WAV 文件和 CD

格式一样，也是 44.1K 的采样频率，速率 88K/秒，16 位量化位数，是目前 PC 上广为流行的声音文件格式，几乎所有的音频编辑软件都识别 WAVE 格式。

知识点解析 1　WAVE 格式的文件

（2）AIFF

AIFF 是音频交换文件格式的英文缩写，是 APPLE 公司开发的一种音频文件格式，被 MACINTOSH 平台及其应用程序所支持，如图知识点解析 2 所示。AIFF 是苹果电脑上面的标准音频格式，属于 QuickTime 技术的一部分。AIFF 虽然是一种很优秀的文件格式，但由于它是苹果电脑上的格式，因此在其他 PC 平台上并没有得到很大的流行。不过由于苹果电脑多用于多媒体制作出版行业，因此大多数的音频编辑软件和播放软件都或多或少地支持 AIFF 格式。由于 AIFF 的包容特性，所以它支持许多压缩技术。

（3）AU

AUDIO 文件是 SUN 公司推出的一种数字音频格式，如图知识点解析 3 所示。AU 文件原先是 UNIX 操作系统下的数字音频软件，由于早期 Internet 上的 Web 服务器主要是基于 UNIX 的，所以，AU 格式的文件在如今的 Internet 中也是常用的声音文件格式。

知识点解析 2　AIFF 格式的文件　　　　知识点解析 3　AU 格式的文件

（4）MP3

MP3 格式诞生于 20 世纪 80 年代的德国，所谓的 MP3 指的是 MPEG 标准中的音频部分，也就是 MPEG 音频层，如图知识点解析 4 所示。MPEG 音频文件的压缩是一种有损压缩，相同长度的音乐文件，用 MP3 格式来储存，一般只有 WAVE 文件的 1/10，因而音质要次于 CD 格式或 WAVE 格式的声音文件。但由于其文件尺寸小，音质好，所以直到现在，这种格式还是很流行，其作为主流音频格式的地位难以被撼动。

（5）WMA

WMA 格式是来自于微软的重量级选手，音质要强于 MP3 格式，更远胜于 RA 格式，如知识点解析 5 所示。WMA 的压缩率一般都可以达到 1:18 左右。另外 WMA 还支持音频流技术，适合在网络上在线播放。更方便的是，WMA 不用像 MP3 那样需要安装额外的播放器，它与 Windows 操作系统无缝捆绑，让你只要安装了 Windows 操作系统就可以直接播放 WMA 音乐。

知识点解析 4　MP3 格式的文件　　　知识点解析 5　WMA 格式的文件

（6）OggVorbis

OggVorbis 是一种新的音频压缩格式，类似于 MP3 等现有的音乐格式，如图知识点解

析 6 所示。但有一点不同的是，它是完全免费、开放和没有专利限制的。这种文件格式可以不断地进行大小和音质的改良，而不影响旧有的编码器或播放器。Ogg 采用有损压缩，但通过使用更加先进的声学模型去减少损失，因此，同样位速率、编码的 Ogg 与 MP3 相比，听起来更好一些。

知识点解析 6　OggVorbis 格式的文件

（7）APE

APE 是流行的数字音乐无损压缩格式之一，因出现较早，在全世界特别是中国大陆地区有着广泛的用户群，如图知识点解析 7 所示。与 MP3 这类有损压缩格式不可逆转地删除（人耳听力范围之外的）数据以缩减源文件体积不同，APE 这类无损压缩格式，是以更精炼的记录方式来缩减体积，还原后数据与源文件一样，从而保证了文件的完整性。其另一个特色是压缩率约为 55%，比 FLAC 压缩率高，体积大概为原 CD 的一半，便于存储。

（8）FLAC

FLAC 是一套著名的自由音频压缩编码，其特点是无损压缩，如图知识点解析 8 所示。不同于 MP3、AAC 等其他有损压缩编码，它不会破坏任何原有的音频资讯，所以可以还原音乐光盘音质。2012 年以来，它已被很多软件及硬件音频产品所支持。

知识点解析 7　APE 格式的文件　　　　　知识点解析 8　FLAC 格式的文件

（9）AAC

AAC 格式是高级音频编码技术，是杜比实验室为音乐社区提供的技术，如图知识点解析 9 所示。AAC 号称最大能容纳 48 通道的音轨，采样率达 96 KHz，并且在 320Kbps 的数据速率下能为 5.1 声道音乐节目提供相当于 ITU-R 广播的品质。AAC 格式和 MP3 比起来，它的音质比较好，也能够节省大约 30%的储存空间与带宽。

知识点解析 9　AAC 格式的文件

2．让音频输入的采样率与输出设备相匹配

当音频输入的采样率与输出设备不匹配时，会导致录音时弹出此画框，如图知识点解析 10 所示。

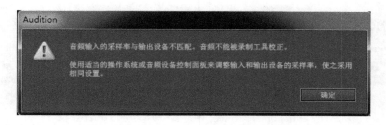

知识点解析 10　"音频输入的采样率与输出设备不匹配"对话框

解决办法：①打开控制面板，选择"计算机"选项，单击"打开控制面板"选项，如图知识点解析 11 所示。

知识点解析 11　单击"打开控制面板"按钮

② 进入"硬件和声音"选项，如图知识点解析 12 所示。

③ 选择"管理音频设备"选项，如图知识点解析 13 所示。

知识点解析 12　选择"硬件和声音"选项　　　知识点解析 13　选择"管理音频设备"选项

④ 声音选项卡下面又分了四项，我们要改的是播放与录制两项。先单击"播放"选项，双击"扬声器"，进入扬声器选项卡，如图知识点解析 14 所示。

⑤ 单击高级，更改默认格式，普通设备一般都设为 16 位 48000Hz，单击"应用"按钮，再单击"确定"按钮，播放的设定就完成，如图知识点解析 15 所示。

知识点解析 14　单击"扬声器"选项卡　　　　知识点解析 15　"扬声器属性高级"窗口

⑥ 完成以上步骤即可进入录制，在声音选项卡单击"录制"选项，双击麦克风，进入麦克风选项卡，如图知识点解析 16 所示。

⑦ 进入麦克风属性对话框，单击"高级"选项，更改默认格式，同样设为 16 位 48000Hz，单击应用，再单击"确定"按钮，录音的设定就完成了，如图知识点解析 17 所示。

知识点解析 16　选择"麦克风"选项　　　　　　知识点解析 17　麦克风属性高级对话框

回到 Adobe Audition CS6 界面中，单击"新建"选项，进入时选择 16 位 48000Hz 就可以录制了，如图知识点解析 18 所示。这里基于硬件限制才设置为 16 位 48000Hz，如果有更好的设备，可设更高只要三者相同即可。

3．振幅与压限的处理

声音录好之后，首先调整声音的大小。单击"效果"→"振幅与限压"→"标准化"选项，如图知识点解析 19 所示。因为声波是因周期、振幅、频率组成的，标准化就是让声波的振幅达到一个标准值。

知识点解析 18　"新建音频文件窗口"对话框　　　　知识点解析 19　选择"标准化"选项

完成上述步骤后，会弹出"标准化"对话框，一般情况下保持默认值，单击"确定"按键即可，如图知识点解析 20 所示。

工作中既可以全选素材进行标准化，也可以分段标准化，但分段标准化可能会影响音调，使音频整体感觉不尽如人意。所以，在录音时控制好声音的大小和高低还是十分必要的。

也可选中标准化选项卡上的"DC 偏差调整"选项，如图知识点解析 21 所示。正常情况下，声波的中心线应该在那条红线上，如图知识点解析 22 所示，但由于其他原因，中心线可能偏离这条红线，这种情况就叫直流偏移，可在标准化时进行 DC 偏差调整。

知识点解析 20　"标准化"对话框

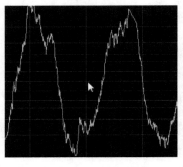

知识点解析 21　DC 偏差调整　　　　　知识点解析 22　声波的中心基准红线

4．降噪

首先录制一段空白音频，长度为 5 秒以上即可，在单轨编辑模式下，选择"效果"选项栏，在"降噪"下拉列表中选择"捕捉噪声样本"对环境噪声进行采样，如图知识点解析 23 所示。

知识点解析 23　单击"捕捉噪声样本"命令

双击"波形"全选整个文件，单击"效果"→"降噪"→"降噪"命令，如图知识点解析 24 所示，此时会弹出"降噪"对话框，调整降噪的级别为 70%，如图知识点解析 25 所示，单击"确定"按钮。降噪器只会对采样的环境噪声消除。

知识点解析 24　选择"降噪"选项

知识点解析 25　"降噪"对话框

除此之外，我们还可以用"自动咔嗒声移除"工具，"消除嗡嗡声"工具和"降低嘶声"工具进行其他噪声的消除处理，如图知识点解析 26 所示。

知识点解析 26　"降噪"菜单中的其他消除噪声工具

5．伸缩与变调的处理

首先试听原素材的效果，选中需要编辑的内容，单击"效果"→"时间与变调"→"伸缩与变调"选项，如图知识点解析 27 所示。

知识点解析 27　选择"伸缩与变调"选项

弹出"伸缩与变调"对话框后，可以通过预设选择自己想要的效果，如图知识点解析 28 所示，也可以手动微调"伸缩与变调"的幅度，如图知识点解析 29 所示。也可以通过改变持续时间，来调节伸缩幅度，如图知识点解析 30 所示。

知识点解析 28　"伸缩与变调"对话框

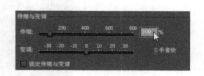

知识点解析 29　手动微调"伸缩与变调"

知识点解析 30　调整持续时间

6. 静音区的插入和删除

首先将光标定位在要插入静音区的位置，单击"编辑"→"插入"→"静默"选项，如图知识点解析 31 所示。

在"插入静默"对话框中输入静音的时间，确定后就会产生一个静音区，如图知识点解析 32 所示。

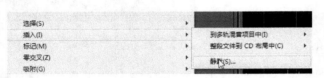

知识点解析 31　选择"静默"选项

知识点解析 32　调整静音持续时间

删除静音区的操作，首先按"Ctrl+A"组合键全选整个声音文件，单击"效果"→"诊断"→"删除静默"选项，如图知识点解析 33 所示。

知识点解析 33　选择"删除静默"命令

在"删除静默区"窗口中，单击"扫描"按钮，如图知识点解析 34 所示。

知识点解析 34　单击"扫描"按钮

扫描后，会看到扫描出 3 个静音区，单击"删除所有"按钮即可，如图知识点解析 35 所示。

知识点解析 35　单击"删除所有"按钮

 操作步骤 >>>>>>> START

1. 录制音频

（1）根据实际情况选择合适的话筒，在此选择罗德 NTG-3 超指向话筒为例，如图 3-2-1 所示。

（2）将话筒与电脑声卡的麦克风接口相连接，如图 3-2-2 所示。

图 3-2-1 罗德 NTG-3 超指向话筒

图 3-2-2 电脑声卡的麦克风接口

（3）设置录音选项的来源为麦克风。

（4）打开 Adobe Audition CS6，新建一个单轨音频文件，如图 3-2-3 所示。

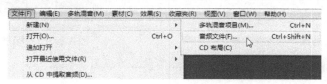

图 3-2-3 单击"音频文件"按钮

（5）弹出"新建音频文件"的对话框后，为文件命名为"一个人为多个角色配音"，声道选择立体声，采样率和位深度要与所使用设备的音频输入与输出的采样率相匹配，如图 3-2-4 所示。

图 3-2-4 设置新建音频文件的各项自定义

（6）单击"录音"按钮开始录音，用青年女声按照下面描述的对话内容进行录音，如图 3-2-5 所示。

马棚里住着一匹老马和一匹小马。有一天，老马对小马说："你已经长大了，帮妈妈做点事，把这半口袋麦子驮到磨坊去吧。"

小马驮起口袋，飞快地往磨坊跑去。跑着跑着，一条小河挡住了去路。小马向四周望望，看见一头老牛在河边吃草，小马问道："牛伯伯，请您告诉我，这条河，我能趟过去吗？"老牛说："水很浅，刚没过小腿，能趟过去。"小马听了老牛的话，立刻跑到河边，准备过去。突然，从树上跳下一只松鼠，拦住它大叫："小马！别过河，别过河，水很深，你会淹死的！"小马连忙收住脚步，不知道怎么办才好。

图 3-2-5　单击"录制"按钮开始录音

2．调整音量

按"Ctrl+A"组合键全选波形，依次单击"效果"→"振幅与压限"→"标准化"选项，图 3-2-6 所示。在"标准化"对话框中保持默认值，单击"确定"按钮即可，如图 3-2-7 所示。此时声音波形振幅变大，声音音量被增大到合适的数值上。

图 3-2-6　选择"标准化"选项　　　　　图 3-2-7　"标准化"对话框

3．降噪

（1）选择一小段噪声波形（空白音频），长度为 5 秒左右即可。单击"效果"→"降噪修复"→"捕捉噪声样本"选项，如图 3-2-8 所示。

图 3-2-8　选择"捕捉噪声样本"选项

（2）然后选择全部波形，单击"效果"→"降噪修复"→"降噪"项，如图 3-2-9 所示。

图 3-2-9　选择"降噪"选项

（3）调整降噪的级别为 70%，如图 3-2-10 所示，单击"确定"按钮。降噪器只会对采样的环境噪声消除，如果降噪后有其他噪声可以手动调节。

图 3-2-10　调整降噪级别

4．改变音调

（1）将松鼠的对白内容处理成儿童声音的效果。选中松鼠的对白内容，单击"效果"→"时间与变调"→"伸缩与变调"选项，如图 3-2-11 所示。在弹出的窗口中，单击"预设"选项选择为升调，如图 3-2-12 所示，单击"确定"按钮。

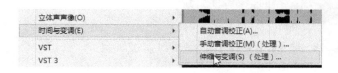

图 3-2-11　选择"伸缩与变调处理"选项　　　　图 3-2-12　选择"升调"选项

（2）将老马的对白内容处理成老妇人的声音效果，选中老马的对白内容，单击"效果"→"时间与变调"→"伸缩与变调"选项，如图 3-2-13 所示。在弹出的对话框中，单击"预设"选择为降调，如图 3-2-14 所示，单击"确定"按钮。

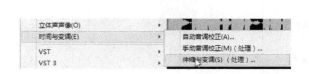
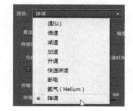

图 3-2-13　选择"伸缩与变调处理"选项　　　　图 3-2-14　选择"降调"选项

（3）将旁白部分内容进行细微的伸缩与变调处理，目的是让小马和旁白的声音区别开来。选中对白内容，单击"效果"→"时间与变调"→"伸缩与变调"选项，如图 3-2-15 所示。在弹出的对话框中，将伸缩调为 120%，将变调调为-1，如图 3-2-16 所示，单击"确定"按钮。

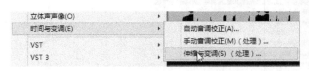

图 3-2-15　选择"伸缩与变调"选项　　　　图 3-2-16　微调"伸缩与变调"的数值

按照上述方法，将其他的旁白内容也进行统一的伸缩与变调处理。小马的对白内容保持不变。

5．插入静音区

将光标移动到两个段落中间的位置并单击左键，单击"编辑"→"插入"→"静默"选项，如图 3-2-17 所示。

图 3-2-17　选择"静默"选项

在"插入静默"对话框中输入静音的时间为 5 秒，如图 3-2-18 所示，确定后就会产生一个 5 秒的静音区。

图 3-2-18 输入静音持续时间为 5 秒

6. 保存文件

单击"文件"→"存储"选项，如图 3-2-19 所示。

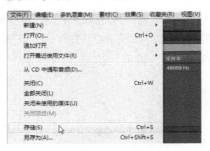

图 3-2-19 选择"存储"选项

选择要储存的格式和位置，因为这个音频作品需要集体上传，为了方便，我们选择尺寸小，音质好的格式 MP3，如图 3-2-20 所示，最后单击"确定"按钮。

图 3-2-20 选择储存文件的格式为 MP3

这样，这个三人对话的音频作品就制作完成了。

 课后练习 3

（1）自己找一段多人对话的文字，由一人将其朗读并录音。

（2）将录音进行初步的音量调节和降噪处理。

（3）尝试将不同角色的对话内容进行变调处理，以达到不同人物发声的效果，注意要契合人物本身的属性。

（4）分组讨论将声音变调的规律，不同的变调处理适合哪类角色？

数字视频技术

数字视频通常意义上是指以数字形式记录的视频，它的产生、存储和播出方式都是数字化的。数字视频具有清晰度高，复制、格式转换方便，利于长时间存储等优点。经过半个多世纪的发展，数字视频已经走近我们的生活，并对我们的生活产生潜移默化的影响。网上传播的视频、公交车上播放的视频、手机中的视频等现在所能看到的视频大多数都是使用数字化的技术，即数字视频。

常用的数字视频的格式有：AVI、MOV、MPEG、MKV、MP4、WMV、RMVB、FLV 和 3GP 等。这些不同的格式，应用于不同的领域。AVI、MOV、MPEG 和 MKV 这几种格式数据量较大，常用于存储清晰度高，需长期保存的视频内容。MP4、WMV、RMVB 和 FLV 数据量相对较小，便于传输，常用于网络视频。MP4 和 3GP 常用于手机等移动存储器上，是常用的移动视频格式。

获取数字视频的方式有很多，比较常见的有以下三种：

1．由模拟视频转化生成的数字视频。将模拟视频通过模拟信号到数字信号的转化，生成数字视频。这种生成数字视频的方式需要专用的模/数转换设备，成本相对比较高。通常有一定价值的珍贵影像才采用此种方式生成数字视频。

2．计算机生成的数字视频。这种数字视频是通过计算机压缩生成的，如动画片和影视特效镜头。随着影视制作技术的发展，这类数字视频越来越多。

3．数字设备拍摄生成的数字视频。随着数字技术的发展，数字摄像设备的成本越来越低，数字摄像设备随处可见，从路边的摄像头到室内的监控设备、手机、平板电脑和单反相机，都可以拍摄数字视频。这种数字视频目前最常见，清晰度也越来越高，正以十分迅猛的速度向前发展。

数字视频的获取、处理、加工、生成、传输和检索等相关的技术，就是数字视频技术。本章向读者提供三个常见的任务，学生在完成任务的过程中，了解数字视频技术的相关概念，掌握处理数字视频的相关技术，熟悉数字视频处理的相关操作流程。

任务一　拍摄记录式短片

任务分析

本任务是拍摄包饺子，实时地记录包饺子的完整流程。整个包饺子的过程只有一个人物，场景也不太大，因此我们可采用单机位拍摄。拍摄时要保证正常的色彩还原和声音清晰。为了能适时地表现细节，需要在拍摄过程中做推、拉，有时候可能用到摇镜头。在整个拍摄过程中要保持画面的稳定，景别变化过程中保持镜头的平、顺，适时地变换拍摄的重点。

使用的设备：便携式摄像机、无线麦克风、监听耳机、三脚架及相关摄像机配件。

制作方案设计

本任务是拍摄纪实性短片画面。直接拍摄真人真事，在事件发生、发展的过程中，用挑、等、抢的拍摄方法，记录真实环境。在拍摄前熟悉拍摄环境，了解事件的流程，制定好完备的拍摄方案，提前设计好镜头，对提高拍摄效果非常有帮助。制定的制作拍摄方案如下：

1. 拍摄场景。

2. 机位设置在人物的正前方，高度比人物略低。
3. 景别以中景开始，拍摄过程中适时地做推、拉、摇运动。
4. 拍摄过程中要同期拾取声音，这里我们添加个无线麦克，保证同期声的拾取。

操作技术要点

- 无线麦克风的配接
- 声音的相关设置
- 白平衡的设置
- 景别的变化
- 摄像机的使用

重要知识点解析

1. 白平衡

在使用数码摄像机拍摄的时候，有时会遇到这样的问题：在日光灯的房间里拍摄的影像会显得发绿，在室内钨丝灯光下拍摄出来的景物就会偏黄，而在日光阴影处拍摄到的照片则莫名其妙地偏蓝，如图知识点解析 1 所示。其原因就在于不同环境下光线的色温不同，应调整摄像机的"白平衡"的设置。

| 偏绿的画面 | 偏黄的画面 | 偏蓝的画面 |

知识点解析 1　不同光线下的百合花

色温是光的一种属性。正午阳光直射下的色温约为 5600 K，阴天更接近室内色温 3200K。日出或日落时的色温约为 2000K，烛光的色温约为 1000K。这时我们不难发现一个规律：色温越高，光色越偏蓝；色温越低则偏红，如图知识点解析 2 所示。某一种色光比其他色光的色温高时，说明该色光比其他色光偏蓝，反之则偏红；同样，当一种色光比其他色光偏蓝时说明该色光的色温偏高，反之偏低。

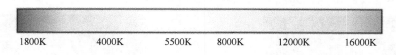

| 1800K | 4000K | 5500K | 8000K | 12000K | 16000K |

知识点解析 2　不同色温的光呈现出的颜色

当有色光照射到白色物体时，物体反射光颜色与入射光颜色相同，即红光照射下，白色物体呈红色，此时拍摄的画面就可能偏红。白平衡的基本概念是不管在任何光源下，都能将白色物体还原为白色，从而保证颜色的正常还原。

摄像机内部有用来感受红色、绿色、蓝色光线的感光元件。在预置情况下，这三路光的电路放大比例是相同的，即 1∶1∶1 的关系。白平衡的调整就是根据被摄景物的反射光改变红、绿、蓝的比例关系，从而保证白色物体还原为白色。也就是说，如果被摄景物的白色偏一点蓝，那么白平衡调整就改变正常的红、绿、蓝的比例关系，减弱蓝电路的放大，同时增加绿和红的比例，使拍摄的影像依然为白色，这就是白平衡的工作原理。

摄像机上一般有三种白平衡的调整方式：预置白平衡、手动白平衡和自动白平衡，如图知识点解析 3 所示。

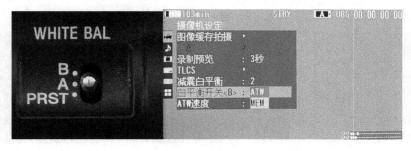

知识点解析 3　预置白平衡（PRST）、手动白平衡（A 挡或 B 挡）以及菜单中的自动白平衡（ATW）

2．景别

景别是指被摄体在镜头画面中所呈现的范围的大小。景别的划分，一般可分为五种，由近至远分别为特写（人体肩部以上）、近景（人体胸部以上）、中景（人体膝部以上）、全景（人体的全部和周围背景）、远景（被摄体所处环境），如图知识点解析 4 所示。

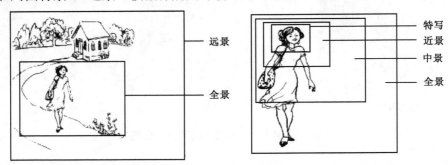

知识点解析 4　景别的划分

（1）远景：画面中包含的景物范围最大，视野广阔，不表现细节。远景用来交代事件发生的地点及其周围的环境，表现宽广、辽阔的场面，展示雄伟壮观的气势。远景常用在节目的开篇或结尾，或作为过渡镜头，如图知识点解析 5 所示。

知识点解析 5　远景

知识点解析 6　全景

（2）全景：画面中包括被摄体的全貌及周围环境。全景中有了明显的作为内容中心和结构中心的主体。如果全景中是人物，画面中能清晰地看到人物的全部动作。全景注意空间深度的表达和主体轮廓线条、形状特征的反映，还要着重于环境的渲染和烘托，表现出被摄体的一般性质及空间位置，表现出环境与主体的相互关系，如图知识点解析 6 所示。

（3）中景：中景画面中人物的形象和物体形状特征占主要部分。背景与环境的作用降低。但仍不与环境脱节。拍摄中景要注意抓取被摄体最有表现力、最吸引观众的部分，要表现出人物的表情和动作，处理好人物与环境的关系，如图知识点解析 7 所示。

知识点解析 7　中景

知识点解析 8　近景

知识点解析 9　特写

（4）近景：与中景相比，画面表现的空白范围进一步缩小，内容更单一，背景作用完全降低到次要位置。近景在拍摄人物时比中景更注重人物细腻的神情和气质的表达，在拍摄物体时更注重表现物体局部的特征和质感，如图知识点解析 8 所示。

（5）特写：特写中被摄体的某一局部充满画面，内容简洁，表现力强。特写画面在表现人物面部时，揭示出人物复杂的内心世界，并通过面部表情和眼神的变化形成一种区别于戏剧舞台的电视场面调度。特写画面在准确表现被摄体的质感、形体、颜色等方面也很重要，如图知识点解析 9 所示。

3．三分法构图技巧

三分法构图中，摄影师需要将场景用两条竖线和两条横线分割，就如同中文书写的"井"字。这样就可以得到 4 个交叉点，然后再将需要表现的重点放置在 4 个交叉点中的一个即可，如图知识点解析 10 所示。这种构图画面鲜明，构图简练，可用于近景等不同景别。

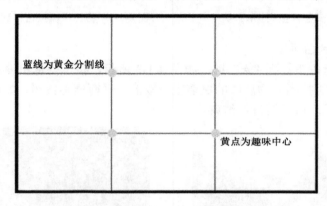

知识点解析 10　三分法构图

操作步骤　▶▶▶▶▶▶ START

1．摆好机位，控制好摄像机与人物的距离

（1）将摄像机三脚架展开，调整三脚架高度，使三脚架高度与拍摄者胸部等高，如图 4-1-1 所示。将三脚架放在被摄主体人物正对面，将三脚架调整到水平状态。

图 4-1-1　调整三脚架与拍摄者胸部等高

（2）将摄像机与适配器连接，给摄像机供电，打开摄像机。将摄像机的变焦杆按到"w"端，如图 4-1-2 所示，看拍摄人物的景别是否能达到中景。如果拍不到中景，只能拍到近景，就需要让摄像机远离人物。如果能拍到人物的大全景，就需要将摄像机移近人物。

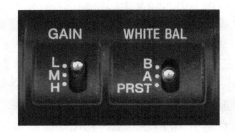

图 4-1-2　将变焦杆按到"w"端　　　　　　图 4-1-3　将白平衡按钮打到"A"挡

2．调整摄像机的白平衡

　　将摄像机白平衡按钮打到"A"挡，如图 4-1-3 所示，按下摄像机变焦杆的"T"端，如图 4-1-4 所示，将镜头推到人物后面的白墙上，按下白平衡调整按钮，如图 4-1-5 所示。待白平衡的图标不闪烁了，白平衡调整结束。

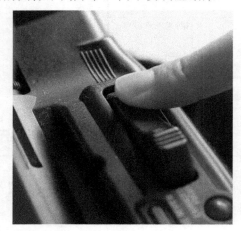

图 4-1-4　按下变焦杆的"T"端　　　　　　图 4-1-5　按下白平衡调整按钮

3．安装无线麦克风

　　（1）将无线麦克风发射端和接收端的电池盒打开，如图 4-1-6 所示。按照电视盒中正负极的指示，如图 4-1-7 所示，将"5 号"电池安装到电池盒中，如图 4-1-8 所示，把电池安装好。

图 4-1-6　打开无线麦克风的电池盒

图 4-1-7 电视盒中正负极的指示　　图 4-1-8 将"5号"电池安装到电池盒中

（2）将无线麦克风接收端的"卡农"输出接口，如图 4-1-9 所示，接到摄像机的"卡农"输入接口 1 上，如图 4-1-10 所示。

 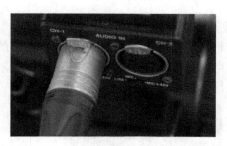

图 4-1-9 无线麦克风接收端的"卡农"输出接口　　图 4-1-10 摄像机的"卡农"输入接口 1

（3）将摄像机上的"卡农"输入接口 1 设置成"mic"，如图 4-1-11 所示。打开摄像机的电源，打开无线麦克风接收端的电源开关，如图 4-1-12 所示，能看到无线麦克风接收端的屏幕亮起，如图 4-1-13 所示。

图 4-1-11 输入接口 1 设置成"mic"

图 4-1-12 打开无线麦克风接收端的电源开关　　图 4-1-13 无线麦克风接收端的屏幕

（4）打开无线麦克风发射端的电源，将无线麦克风移向嘴边并说话，如图 4-1-14 所示。能看到摄像机中有明显的声音电平指示，如图 4-1-15 所示。

图 4-1-14　将无线麦克风移向嘴边

图 4-1-15　声音电平指示

4. 佩戴无线麦克风

将无线麦克风发射端佩戴在被拍摄者身后的皮带上，如图 4-1-16。或将线路隐藏在衣服内，把麦克风别在被摄者衣服的第三颗扣子附近，麦克风与嘴部的距离为 15 厘米左右，如图 4-1-17 所示。

图 4-1-16　佩戴无线麦克风发射端　　　图 4-1-17　将麦克风别在被摄者衣服的第三颗扣子附近

5. 试音

让佩戴好麦克风的被拍摄者用正常音量对着麦克风说几句话，观察摄像机中声音电平的大小。如果感到不满意，可以将输入电平控制开关打到手动模式，如图 4-1-18 所示。手动调整旋钮，如图 4-1-19 所示，控制音频的输入电平。将耳机接口插入摄像机监听插孔，如图 4-1-20 所示，监听声音的质量，判断是否有干扰和杂声。

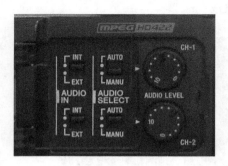

图 4-1-18　将电平控制开关打到手动模式　　　图 4-1-19　手动调整旋钮

6. 调整光圈

（1）由于背景是白色墙壁，相对比较亮，本次拍摄以人脸的正常曝光为准。将摄像机曝光模式调整为自动，如图 4-1-21 所示。将镜头推到人脸部，记录下此时的光圈值，如图 4-1-22

所示。将曝光模式改为手动，保持此时的光圈值不变，将镜头拉出到中景，查看此时画面的曝光量，如图 4-1-23 所示。

图 4-1-20 将耳机接口插入摄像机监听插孔

图 4-1-21 调整摄像机曝光模式为自动

图 4-1-22 光圈值

图 4-1-23 查看画面的曝光量

（2）保持景别在中景情况下，将曝光模式改为自动，查看此时的光圈值，如图 4-1-24 所示。如果和之前人脸部特写的光圈值差别不大，说明目前环境光线较均匀，反差不大，可以在自动光圈模式下拍摄。

7. 聚焦

本次拍摄没有能干扰拍摄主体的前景和背景，拍摄过程中还可能出现抓拍的情况，所以采用自动聚焦，如图 4-1-25 所示。

图 4-1-24 摄像机上的光圈值

图 4-1-25 设置自动聚焦

8. 拍摄

（1）调整变焦杆，将画面调整至中景，如图 4-1-26 所示，按下"录制"按钮，如图 4-1-27 所示，开始拍摄。

图 4-1-26　将画面调整至中景

图 4-1-27　按下"录制"按钮

（2）当人物说完第一句话后，按下变焦杆将镜头推上去拍摄人物的动作，如图 4-1-28 所示。当人物向锅里加完油以后，镜头向上摇拍摄人物，如图 4-1-29 所示。当人物说完话后，再次拍摄人物动作。按照此思路持续拍摄，镜头运动要尽量保证平稳。

图 4-1-28　将镜头推上去拍摄人物的动作

图 4-1-29　将镜头向上摇拍摄人物

（3）拍摄将饺子放到盘子里时，保持机位不动，持续拍摄盘子的画面，如图 4-1-30 所示。在后期制作时，要将此镜头做变速。

图 4-1-30　持续拍摄盘子的画面

图 4-1-31　取出存储卡

（4）拍摄结束时再次按"录制"按钮，停止拍摄。关闭摄像机电源，将摄像机的存储卡取出，如图 4-1-31 所示。整理设备，完成拍摄。

课后练习

（1）调整摄像机的高度，实验一下，如果摄像机高度高于拍摄者的高度，拍出的画面是什么效果的？

（2）使用手机拍摄某人叠衣服的过程，注意声音的拾取和景别的变换。

（3）思考一下，用手机拍摄出的画面和用摄像机拍出的画面，有哪些区别？手机五年内会不会取代摄像机成为视频拍摄的主流设备？

任务二　剪辑短片

 任务分析

本任务是将拍摄好的素材，剪辑成一段包饺子的记录式短片，素材包括 10 段视频、2 张图片和 4 段音频。由于是记录式的短片，剪辑时随意性较大，但不能太拖拉，要控制信息量，要注意节奏的把握。此外，为了提升短片的质量，增加可视性，可以借鉴当前比较流行的真人秀电视节目的制作方式，为短片添加字幕、音效等元素，增加短片的趣味性。本任务素材如下所示。

本任务素材

本任务素材位置：剪辑短片\素材。

使用的设备：视频编辑工作站。

使用的软件：Adobe Premiere CS6。

 制作方案设计

本任务制作的是采用纪实性拍摄的记录式短片。最终制作好的成片要保证有趣、节奏不拖沓，具有可视性和娱乐性。制作时，首先要预览素材，熟悉拍摄的内容，了解拍摄质量，制定出具体的制作方案如下：

1. 优先选择与制作必要环节密切相关和有趣的镜头。

2. 部分镜头还采用变速特技，丰富画面效果。

3. 添加一些有特点的字幕和音效。

操作技术要点

● "PSD" 文件的导入

- 镜头的剪辑
- 给视频素材变速
- 音量的调整
- 字幕的使用
- 音效的添加

重要知识点解析

1. 给素材变速

常用的变速方法是使用工具栏中的"速率伸缩工具"，如图知识点解析 1 所示。单击该工具后，鼠标会变成"速率伸缩工具"形状。移动鼠标到序列中素材的首部或尾部，将素材拉长，如图知识点解析 2 所示。此时素材速率变慢，素材上会显示出当前的速率，如图知识点解析 3 所示。

知识点解析 1　工具栏中的"速率伸缩工具"

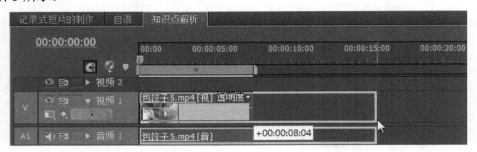

知识点解析 2　素材被拉长

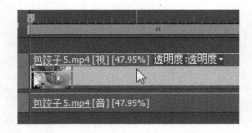

知识点解析 3　拉长素材后显示当前的速率

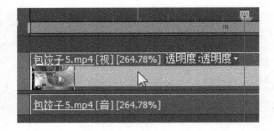

知识点解析 4　缩短素材后显示当前的速率

相反，也可将素材缩短。缩短后的素材速率将变快，素材上也会显示出当前的速率，如图知识点解析 4 所示。另外，要注意的是使用完"速率伸缩工具"后，要单击工具栏中的"箭头"，将鼠标切换回常规状态。

另一种变速的方法是，选中素材右击，在弹出的快捷菜单中，选择"速度/持续时间"选项，如图知识点解析 5 所示。打开"素材速度/持续时间"对话框，如图知识点解析 6 所示。在该窗口中可以设置素材的播放"速度"，并设置该段素材的"持续时间"。另外，将"倒放速度"选项勾选中可以让素材倒着播放。

知识点解析 5　选择快捷菜单中"速度/持续时间"选项　　　知识点解析 6　"素材速度/持续时间"对话框

2. 调节音量的方法

　　声音文件被添加到音频轨道中以后，展开轨道上的"小三角"，如图知识点解析 7 所示，能看到音频文件上有一条黄色的线，如图知识点解析 8 所示。这条线是控制声音音量的，鼠标将这条线向上推动可以提高声音的音量，向下拉动可以降低声音音量。

知识点解析 7　展开音频轨道上的"小三角"　　　　知识点解析 8　控制声音音量的黄色线

　　音频增益是另一种调节音频文件音量的方法。选中音频文件右击，在弹出的快捷菜单中，选择"音频增益"选项，如图知识点解析 9 所示。在弹出的"音频增益"对话框中根据"峰值幅度"设定音频增益，设定的音频增益一般不超过"峰值幅度"，如图知识点解析 10 所示。

知识点解析 9　选择快捷菜单中的"音频增益"　　　　知识点解析 10　"音频增益"对话框

　　还有一种调节音量的方法是使用调音台。单击素材监视窗口旁边的"调音台"标题栏，切换到调音台界面，如图知识点解析 11 所示。调音台中，上半部分的是"左/右平衡"旋钮，如图知识点解析 12 所示。向左拖曳，声音输出到左声道会多一些；向右拖曳，声音输出到右声道会多一些。

知识点解析 11　调音台界面　　　　　　　　知识点解析 12　"左/右平衡"旋钮

　　界面中间的 M、S、R 按钮，如图知识点解析 13 所示，M 按钮是静音，按下后，将该轨道设置为静音状态。下边是音量调节推子，如图知识点解析 14 所示，该推子控制整个轨道音频的音量，向上推，音量增加，向下拉，音量减小。

　　S 按钮是独奏，按下后，仅该轨道声音可以输出，其他轨道进入静音状态。R 按钮是启动录制轨道，可以利用声音输入设备，将声音录制到该轨道上。

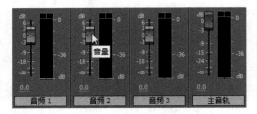

知识点解析 13　M、S、R 按钮　　　　　　　　　知识点解析 14　音量调节推子

　操作步骤　　　　　　　　　　　　　　▶▶▶▶▶▶ START

1. 新建项目导入素材

　　（1）启动 Adobe Premiere CS6 软件，单击"新建项目"按钮，在"新建项目"对话框中创建一个名字为"记录式短片的制作"的项目文件，如图 4-2-1 所示。单击"确定"按钮，进入"新建序列"对话框。

图 4-2-1　在"新建项目"对话框中设置项目名称　　　　　图 4-2-2　设置项目的格式

　　（2）在"新建序列"对话框的"序列预设"栏里，选择"DV-PAL"中的"宽银幕 48kHz"，如图 4-2-2 所示。在"新建序列"对话框下方的"序列名称"处输入序列的名字"记录式短片的制作"，如图 4-2-3 所示，单击"确定"按钮，进入编辑界面。

图 4-2-3　将序列命名为"记录式短片的制作"

　　（3）在"项目：记录式短片的制作"对话框的空白位置双击，打开导入对话框，在"剪辑短片\素材"中，框选中所有的素材，如图 4-2-4 所示，单击"打开"按钮，将素材导入。

图 4-2-4 选中所有素材

（4）导入素材的过程中会出现"导入分层文件：星_1"的提示框，如图 4-2-5 所示。在"导入为"处选择"单层"选择，如图 4-2-6 所示，然后单击"确定"按钮。用同样的方法处理后续出现的提示框。

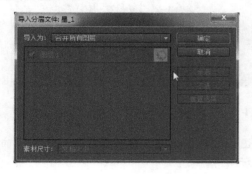

图 4-2-5 "导入分层文件：星_1"的提示框

图 4-2-6 在"导入为"处选择"单层"选项

2. 整理素材

（1）素材导入后，项目窗口，如图 4-2-7 所示。按"Ctrl"键的同时，单击 4 个音频素材，将 4 个音频素材选中，如图 4-2-8 所示。

图 4-2-7 导入素材到项目窗口中

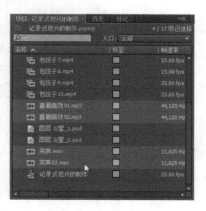

图 4-2-8 选中该 4 段音频素材

（2）将选中的 4 段音频素材，拖动到项目窗口右下角的"新建文件夹"（图 4-2-9）按钮上。此时，选中的 4 段音频素材就被添加到新建的文件夹内，如图 4-2-10 所示，将"新建文件夹"重新命名为"音频"，如图 4-2-11 所示。

图 4-2-9　将鼠标拖到"新建文件夹"按钮上

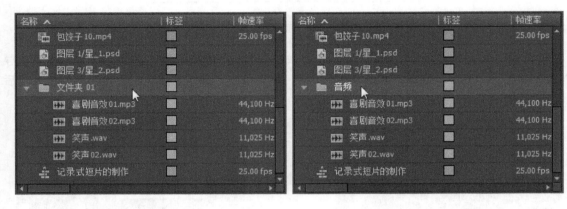

图 4-2-10　添加 4 段音频到新建的文件夹内　　　图 4-2-11　将"新建文件夹"重命名为"音频"

（3）将"图层 1/星_1"和"图层 3/星_2"文件也添加到新建的文件夹内，并将文件夹命名为"图片"，如图 4-2-12 所示。完成素材文件的初步整理。

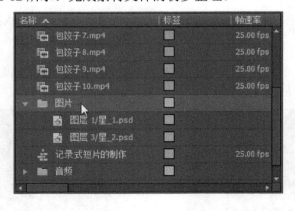

图 4-2-12　添加两张图片到"图片"文件夹内

3．素材的粗剪

（1）在项目窗口中双击"包饺子 1"素材，将素材添加到素材监视窗。在英文输入法状态下，按键盘上的"L"键播放，在 06 帧处按"I"键打入点，如图 4-2-13 所示。按"L"键继续播放，在 4 秒 09 帧处按"O"打出点，如图 4-2-14 所示。

图 4-2-13　在 06 帧处打入点　　　　　图 4-2-14　在 4 秒 09 帧处打出点

（2）鼠标放在素材监视窗中单击，将入、出点之间的视频，拖动到序列"视频 1"轨道的起点处，如图 4-2-15 所示。

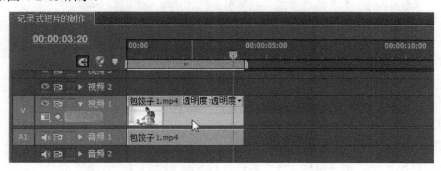

图 4-2-15　添加素材到序列"视频 1"轨道的起点处

（3）单击"素材监视窗"将其启动，按"L"键继续播放"包饺子 1"素材，在 21 秒 12 帧处按"I"键打入点，在 25 秒 24 帧处按"O"打出点。鼠标放在素材监视窗中单击，将入、出点之间的视频，拖动到序列"视频 1"轨道的第一段素材后，如图 4-2-16 所示。

图 4-2-16　添加第二段素材到第一段素材之后

（4）继续播放"包饺子 1"素材。在 34 秒 02 帧处按"I"键打入点，在 35 秒 16 帧处按"O"键打出点。将入、出点之间的视频，拖动到序列"视频 1"轨道的第二段素材后，如图 4-2-17 所示。

图 4-2-17　添加第三段素材到第二段素材之后

（5）双击项目窗口中的"包饺子 2"素材，将其添加到素材监视窗中。将 02 帧到 4 秒 09 帧之间的素材添加到第三段素材后，将 8 秒 14 帧到 13 秒 22 帧之间的素材添加到第四段素材后，如图 4-2-18 所示。

图 4-2-18　将五段素材排列在序列中

（6）用同样的方法，将"包饺子 3"素材，4 秒 05 帧到 5 秒 20 帧之间的段落；"包饺子 4"素材，2 秒 18 帧到 4 秒 15 帧之间的段落；将"包饺子 5"素材，3 秒 19 帧到 13 秒 14 帧之间的段落；将"包饺子 6"素材，3 秒 05 帧到 7 秒 12 帧之间的段落；将"包饺子 7"素材，3 秒 19 帧到 7 秒 14 帧之间的段落；将"包饺子 8"素材，07 帧到 3 秒 02 帧之间的段落；将"包饺子 9"素材，1 秒 15 帧到 11 秒 05 帧之间的段落；将"包饺子 10"素材，1 秒 23 帧到 2 分 34 秒 13 帧之间的段落，依次地添加到序列中，如图 4-2-19 所示。

图 4-2-19　添加素材到序列中

4．精剪

（1）将位置标尺移动到序列的最左侧，按"L"键播放，预览粗剪的画面。鼠标在序列中第一段素材的音频上右击，在弹出的快捷菜单中选择"音频增益"选项，如图 4-2-20 所示。

（2）在弹出的"音频增益"对话框中，选中第一项，将音频增益设置为 3dB，如图 4-2-21 所示。单击"确定"按钮，完成音频增益的提升。

图 4-2-20 选择快捷菜单中的"音频增益"选项　图 4-2-21 将音频增益设置为 3dB

（3）单击工具栏中的"剃刀工具"，如图 4-2-22 所示，在序列中 3 分 15 秒 10 帧处，将最后一段素材切断，如图 4-2-23 所示。

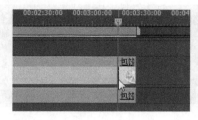

图 4-2-22 剃刀工具　　图 4-2-23 "剃刀工具"切断最后一段素材　　图 4-2-24 速率伸缩工具

（4）单击工具栏中的"速率伸缩工具"，如图 4-2-24 所示，鼠标变成该工具形状后，将鼠标移动到倒数第二段素材的尾部，向左拖动鼠标，将长素材缩短，如图 4-2-25 所示。调整该素材的速率，制作变速效果。

图 4-2-25 用"速率伸缩工具"调整素材的速度

（5）鼠标单击工具栏中的"选择工具"，如图 4-2-26 所示，将鼠标形状切换回"箭头"状。右击最后一段素材的画面，在弹出的快捷菜单中选择"帧定格"选项，如图 4-2-27 所示。在弹出的"帧定格"窗口中选定格在"入点"，如图 4-2-28 所示。单击"确定"按钮，设定在入点处静帧。

图 4-2-26 选择工具　　图 4-2-27 在快捷菜单中选择"帧定格"

图 4-2-28　将定格位置设置成"入点"

（6）鼠标将最后一段做好静帧的素材，向左拖动，接在变速素材的后面，如图 4-2-29 所示。预览一遍剪辑好的素材，检查各个剪接点是否衔接顺畅。浏览画面，熟悉画面内容，为制作字幕做准备。

图 4-2-29　将静帧素材和变速素材衔接好

5．字幕的添加

（1）鼠标将序列中的位置标尺移动 6 秒 23 帧，如图 4-2-30 所示。将项目窗口中的"图层 1/星_1"图片，拖曳到序列"视频 2"轨道的位置标尺之后，如图 4-2-31 所示。

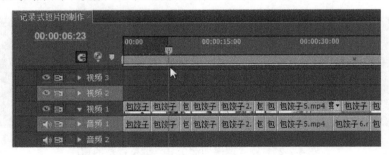

图 4-2-30　移动位置标尺到序列 6 秒 23 帧处

图 4-2-31　添加"图层 1/星_1"图片到序列中

（2）将鼠标放在序列中"图层 1/星_1"素材的尾部，当鼠标形状改变后，向左拖动鼠标，调整素材长度，使素材尾部和剪接点重合，如图 4-2-32 所示。

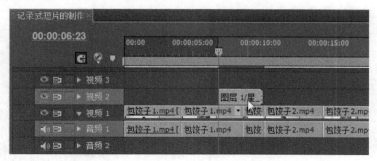

图 4-2-32 调整素材的时间长度

（3）将位置标尺移动到序列中"图层 1/星_1"素材上，此时节目监视窗中的画面，如图 4-2-33 所示。鼠标单击序列中的"图层 1/星_1"素材，将其选中，按组合键"Shift" + "5"，打开"特效控制台"面板，如图 4-2-34 所示。

图 4-2-33 "图层 1/星_1"素材在监视窗中的画面

图 4-2-34 打开"特效控制台"面板

（4）单击"特效控制台"上"运动"参数前的"小三角"，展开"运动"参数组。将"位置"参数调整成"360，344"，"缩放比例"参数调整成 130，如图 4-2-35 所示。此时的画面效果如图 4-2-36 所示。

图 4-2-35 调整"运动"参数组中的参数

图 4-2-36 调整参数后的画面效果

（5）鼠标单击菜单栏中的"字幕"→"新建字幕"→"默认静态字幕"选项，如图 4-2-37

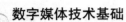
数字媒体技术基础

所示。打开"新建字幕"对话框，将字幕"名称"设置为"烟"，如图 4-2-38 所示，单击"确定"按钮，进入编辑字幕界面。

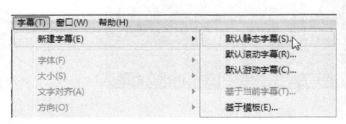

图 4-2-37 菜单中的新建字幕选项　　　　　　　图 4-2-38 设置字幕的名称

（6）鼠标在字幕编辑界面中单击监视窗，出现光标，输入"？烟"，将字体设置成"方正经黑"，字号为"60"，字距为"–29"，旋转为"43．7"，如图 4-2-39 所示。将字体颜色设置成紫黑色，如图 4-2-40 所示。移动文字的位置，调整后文字的样式如图 4-2-41 所示。

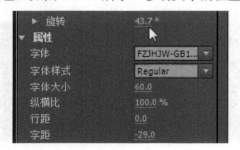
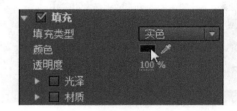

图 4-2-39 设置字体参数　　　　　　　　　　图 4-2-40 设置文字的颜色

图 4-2-41 设置好参数后的文字样式

（7）将字幕窗口关闭后，工作窗口中出现名字为"烟"的字幕，鼠标将该字幕拖动到序列"视频 3"轨道"图层 1/星_1"素材的上方，如图 4-2-42 所示，调整字幕的时间长度，使字幕的持续时间与"图层 1/星_1"素材的持续时间完全相同，如图 4-2-43 所示。

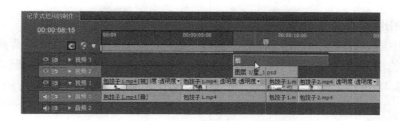

图 4-2-42 添加字幕"烟"到"视频 3"轨道上

图 4-2-43 调整字幕"烟"的持续时间

（8）用同样的方式为画面添加其他字幕，完成字幕的制作。

6．添加音效

（1）双击项目窗口"音频"文件夹中的"喜剧音效 01"，将其添加到素材监视窗。在 14 秒 22 帧处打入点，在 18 秒 24 帧处打出点，如图 4-2-44 所示。鼠标拖动"仅拖动音频"按钮（如图 4-2-45 所示），将入、出点之间的音频拖曳到序列"音频 2"轨道，"烟"字幕的下方，如图 4-2-46 所示。

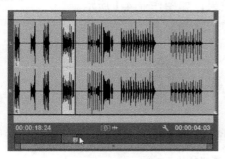

图 4-2-44 用入、出点限定一段音频

图 4-2-45 拖动"仅拖动音频"按钮

图 4-2-46 给字幕"烟"加音效

（2）用同样的操作方式，截取音效，并添加到时间线中的，即可完成短片的制作。

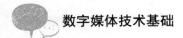

7. 成品输出

执行菜单中的"文件"→"导出"→"媒体"命令，打开"导出设置"对话框，如图 4-2-47 所示。在右侧的"导出设置"栏中，设置视频的"格式"，在"预设"中选择该种格式已有的预设，如图 4-2-48 所示。在"输出名称"中设置好文件名称，单击窗口右下角的"导出"按钮，将文件导出。

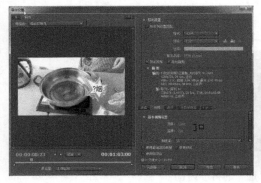

图 4-2-47 "导出设置"对话框

图 4-2-48 设置导出格式

课后练习

（1）利用本任务素材，制作下图的字幕效果，如图作业 4-1 所示。

作业 4-1 字幕"趁热"效果

（2）利用本任务素材，制作下图的字幕效果，如图作业 4-2 所示。

作业 4-2 字幕"最复杂包法"效果

（3）讨论一下，怎么做能使画面、声音和字幕完美结合，提升影片的观赏性？

任务三　展示、发布视频

 任务分析

本任务的目标是将制作好的视频短片，通过免费的途径展示、发布出去，向身边的人展示自己的成果。目前可采用的展示、发布视频的途径有：视频光盘、手机播放、投影展示、上传网络等。这些途径各具特色，本任务计划采用多种发布途径，力求全方位地展示制作好的视频短片。本任务素材如下所示。

包饺子-成品.mp4

本任务素材

本任务素材位置：展示、发布视频\包饺子-成品。

使用的设备：视频刻录机、空白光盘、光盘刻录机、视频编辑工作站、笔记本电脑、视频线、投影仪、智能手机。

方案设计

本任务是将制作好的视频短片采用多种途径，全方位地展示、发布出去。不同的发布平台需要不同的视频格式，在发布的过程中会涉及视频格式的转换、视频线路的配接等操作。由于不同的发布方式之间相对独立，相互关联性小，在实现本任务时，可一个一个的逐个完成视频的展示、发布。制定的制作方案如下：

1. 视频光盘的刻录。
2. 转成手机视频。
3. 投影信号的配接。
4. 上传视频到视频网站。

操作技术要点

- 光盘的类型与格式
- 手机视频格式标准
- HDMI 线的配接
- 投影的基本操作
- 发布网络视频

重要知识点解析

1. 光盘

光盘是以光信息作为存储物的载体，用来存储数据的一种物品，如图知识点解析 1 所示。光盘的类型有好多种，容量也有很大差别。CD 光盘的最大容量大约是 700MB，DVD 盘片单面 4.7GB（最多能刻录约 4.59GB 的数据），双面 8.5GB（最多约能刻 8.3GB 的数据）。蓝光盘的容量比较大，HD DVD 单面单层的容量是 15GB，双层的是 30GB，BD 单面单层的容量是 25GB，双面的是 50GB，三层的是 75GB，四层的容量可达到 100GB。

知识点解析 1 光盘

知识点解析 2 外置的光盘刻录机

2. 光盘的刻录

光盘的刻录主要靠光盘刻录机完成，刻录机是利用大功率激光将数据以"平地"或"坑洼"的形式烧写在光盘上的仪器，如图知识点解析 2 所示。光盘的刻录除了需要刻录机外，还需要控制刻录机的软件，俗称刻录软件。常用的刻录软件有：狸窝 DVD 光盘刻录软件、Nero、ONES 刻录精灵和 Windows 7 的刻录功能。

3. 手机视频格式

手机视频格式指用手机播放的，存储在手机内存或者存储卡上的视频内容的格式，这些格式区别于用手机浏览器观看的网络流媒体视频格式。手机播放视频要依赖于手机的解码芯片把画面和声音还原成可以播放的信号，交由显示屏和喇叭（耳机）输出。解码芯片的性能是有局限的，所以手机视频的码率、分辨率和编码方式也有限制。通常要求 1Mbps 左右的码率，640×480 的分辨率，H.264 的编码方式，如图知识点解析 3 所示。

IM 码率 640×480 分辨率 H.264 的编码方式

知识点解析 3 手机视频格式

4. HDMI

HDMI（High Definition Multimedia Interface），即高清晰度多媒体接口，是一种数字化视频/音频接口技术，是适合影像传输的专用型数字化接口，接口数据线如图知识点解析 4 所示。

其可同时传送视频和音频信号，传输数据最高可达 2.25GB/s。

HDMI 的接口有标准口、迷你口之分。由于体积限制，高清 MP4、手机或相机上的 HDMI 接口基本都是迷你口，如图知识点解析 5 所示。

知识点解析 4 HDMI 接口数据线

知识点解析 5 迷你 HDMI 接口

5．PAL 制

PAL 制是一种电视制式的标准，每秒 25 帧，电视扫描线为 625 线，奇场在前，偶场在后，标准的数字化 PAL 电视标准分辨率为 720×576，24 比特的色彩位深，画面的宽高比为 4∶3，PAL 电视标准应用于中国、欧洲等国家和地区。

6．视频格式

视频格式可以分为适合本地播放的本地影像视频和适合在网络中播放的网络流媒体影像视频两大类。本任务中提到的视频格式指适合本地播放的影像视频。视频格式最直观的表现是它的扩展名，通常不同的扩展名代表着不同的编码方式。常用的视频格式有：AVI、WMV、MPEG、MOV、RM / RMVB、MKV 和 MP4 等。不同的视频格式之间可利用软件相互转换。

 操作步骤　　　　　　　　　　　　　>>>>>>> START

1．DVD 数据文件的刻录

（1）将空白 DVD 视频光盘放入光盘刻录机中，打开我的电脑，单击"DVD RW 驱动器"，如图 4-3-1 所示，弹出"刻录光盘"对话框，如图 4-3-2 所示。在"光盘标题"中输入光盘名称，如图 4-3-3 所示。

图 4-3-1 我的电脑中的"DVD RW 驱动器"

图 4-3-2　"刻录光盘"对话框

图 4-3-3　输入光盘名称

（2）选中"带有 CD/DVD 播放器"选项，单击"下一步"按钮，进入"DVD RW 驱动器"界面，如图 4-3-4 所示界面。

图 4-3-4 "DVD RW 驱动器"界面　　　图 4-3-5 "DVD RW 驱动器"中的视频文件

（3）将"包饺子-成品"文件拖曳到"DVD RW 驱动器"界面中，如图 4-3-5 所示。

（4）单击界面中的"刻录到光盘"项，如图 4-3-6 所示。弹出"刻录到光盘"对话框，如图 4-3-7 所示。

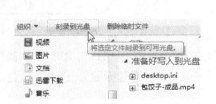

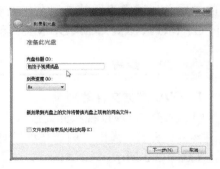

图 4-3-6　选择"刻录到光盘"选项　　　　　　　图 4-3-7　"刻录到光盘"对话框

（5）单击"下一步"按钮，出现刻录光盘对话框，如图 4-3-8 所示。进度条走完，光盘会自动弹出，完成视频文件的刻录。此时视频文件被存储到 DVD 光盘中，视频文件格式没有发生变化，只是存储介质发生了变化。

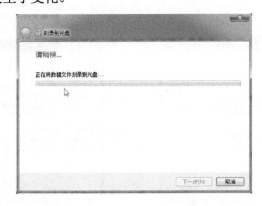

图 4-3-8　导入素材到项目对话框中

2. DVD 视频光盘的刻录

（1）PAL 制式的 DVD 视频光盘文件画幅是 720×576，采用 MPEG-2 的编码方式。在制作 DVD 视频光盘前，需要先将视频转换成符合 DVD 标准的格式。可采用"格式工厂"来转换视频格式，如图 4-3-9 所示。

（2）启动"格式工厂"，进入软件界面，如图 4-3-10 所示。单击界面左侧"->VOB"按钮，如图 4-3-11 所示，弹出"->VOB"对话框。

图 4-3-9 "格式工厂"软件

在对话框中单击"输出配置"按钮，如图 4-3-12 所示，在弹出的"视频设置"对话框中，将"预设配置"改成"DVD PAL Large"，如图 4-3-13 所示。再单击"确定"按钮，返回到"->VOB"窗口。

图 4-3-10 "格式工厂"软件界面

图 4-3-11 "->VOB"按钮

图 4-3-12 选择"输出配置"按钮

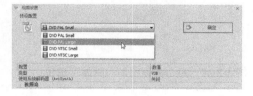

图 4-3-13 将"预设配置"改成"DVD PAL Large"

（3）单击"添加文件"按钮，如图 4-3-14 所示。将"包饺子-成品"文件，添加到对话框中，如图 4-3-15 所示。

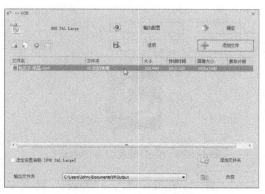

图 4-3-14 "添加文件"按钮

图 4-3-15 添加文件到对话框中

125

（4）单击"->VOB"对话框右下角的"改变"按钮，重新设置视频输出的路径，如图 4-3-16 所示。单击对话框右上角的"确定"按钮，如图 4-3-17 所示，完成设置，返回到"格式工厂"界面。

图 4-3-16　设置视频输出的路径

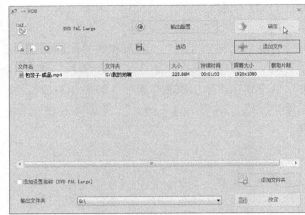

图 4-3-17　单击右上角的"确定"按钮

（5）单击"格式工厂"界面中的"开始"按钮，如图 4-3-18 所示，界面中的进度条开始向前走，如图 4-3-19 所示，开始转换格式，转换完成后将窗口关闭即可。

图 4-3-18　单击界面中的"开始"按钮

图 4-3-19　格式转换进度条

（6）转化完的视频，经过播放观看，确定没有问题后，将"vob"的扩展名改为"mpg"后，如图 4-3-20 所示，就可以刻录 DVD 视频了。将空白 DVD 视频光盘放入光盘刻录机中，等待弹出提示框，并在提示框中选择"刻录 DVD 视频光盘"选项，如图 4-3-21 所示，进入"Windows DVD Maker"界面。

图 4-3-20　将扩展名改为"mpg"

图 4-3-21　选择"刻录 DVD 视频光盘"选项

（7）在"Windows DVD Maker"界面中单击"添加项目"按钮，将转换好的视频文件添加到"Windows DVD Maker"界面，如图 4-3-22 所示。

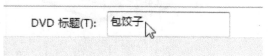

图 4-3-22 添加视频到刻录界面中　　　　　图 4-3-23 将素材排列在序列中

（8）在"Windows DVD Maker"界面中"DVD 标题"处输入"包饺子"，如图 4-3-23 所示。单击"下一步"按钮，进入 DVD 菜单设置界面。

（9）在 DVD 菜单设置界面中单击"菜单文本"按钮，如图 4-3-24 所示，在弹出的"更改 DVD 菜单文本"对话框中，改变菜单的文字内容和字体样式，如图 4-3-25 所示。单击对话框右下角的"更改文本"按钮，回到"准备刻录 DVD"界面。

图 4-3-24 单击"菜单文本"按钮　　　　图 4-3-25 "更改 DVD 菜单文本"对话框

（10）在"准备刻录 DVD"界面的右侧选择合适的"菜单样式"选项，如图 4-3-26 所示。单击界面右下角的"刻录"按钮，就开始刻录视频 DVD 了，如图 4-3-27 所示，待进度条满格，刻录好以后 DVD 光盘会自动弹出。

图 4-3-26 选择"菜单样式"选项　　　　　图 4-3-27 刻录视频 DVD 进度条

3．投影展示

（1）将 HDMI 数据线的一端接在投影的输入端，另一端接在笔记本电脑的输出端，如图 4-3-28 所示，连接好线路。

图 4-3-28　笔记本电脑与投影的连接

（2）调整笔记本电脑的显示方式，如图 4-3-29 所示（不同品牌的笔记本，调整方式可能有区别，调整显示方式时可使用快捷键），将笔记本电脑显示方式调整成"复制"。

（3）将投影的输入源调整为"HDMI"，投影上就可以显示出笔记本电脑的画面。在笔记本电脑上全屏播放视频成品，就可以在投影上显示视频画面了。

4．将视频发布到视频网站

（1）打开视频网站，本例中选择的视频网站是"优酷"。单击右上角的"登录"，如图 4-3-30 所示。在弹出的登录界面中输入账号和密码，如果没有账号和密码需要先"注册"。

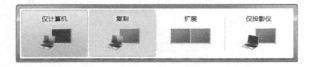

图 4-3-29　调整笔记本电脑的显示方式　　　　图 4-3-30　视频网站右上角的"登录"选项

（2）登录后，在页面右上角处选择"上传"→"上传视频"选项，如图 4-3-31 所示，打开"上传视频"页面，如图 4-3-32 所示。

图 4-3-31　选择"上传"中的"上传视频"选项　　　　图 4-3-32　"上传视频"页面

（3）单击"上传视频"页面中的"上传视频"按钮，在弹出的"打开"窗口中，选中要上传的视频文件，如图 4-3-33 所示，单击"打开"按钮，即可开始上传视频，如图 4-3-34 所示。

图 4-3-33 打开要上传的视频

图 4-3-34 上传的视频进度条

（4）在"视频信息"中输入视频的相关信息，如图 4-3-35 所示。在右侧的"版权"和"隐私"中设置版权和隐私信息，如图 4-3-36 所示。单击页面下方的"保存"按钮，即可完成视频的发布，经过审核后，视频就可以在网上收看了。

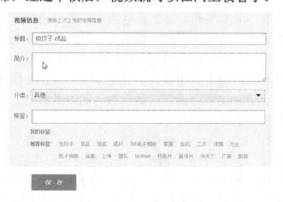

图 4-3-35 视频相关信息的输入

图 4-3-36 版权和隐私信息设置

课后练习 4

（1）除了本例中提到的方式，你还知道哪些其他的展示、发布视频方式？

（2）自己拍摄、制作一段视频，并把视频展示、发布出去。

（3）思考一下，如何能让你发布的视频被更多的人看到？

数字动画设计

　　动画是采用逐帧拍摄、制作、绘制对象并连续播放而形成"运动"的影像，多是由多幅画面组成，当画面快速、连续地播放时，人类会产生"视觉滞留效应"，从而让画面产生动感。因为肉眼看到的物体消失后，影像仍会在大脑中停留一段时间，所以当每秒连续播放的画面达到 24 帧左右，肉眼就会完全将画面变为动态影像。

　　数字动画通常意义上是指以数字形式记录动画过程，它的制作、存储和播出方式都是数字化的。数字动画具有制作方便快捷、定位精准、清晰度高、易保存等特点。经过将近一个多世纪的发展，动画技术从纯手绘拍摄录制，发展成手绘与数字技术相结合，再到如今完全可以在一种软件平台上完成动画从制作到发布的全过程。十几年来，数字动画软件层出不穷，如：ANIMO、RETAS PRO、USANIMATION 以及在网络上应用最为普及的 Flash。Flash 软件已经让数字动画真正意义上地走进我们的生活，让动画技术不再仅仅是少数人的专业技能，普通人如今通过一段时间的学习也可以掌握一些常用的数字动画技术。

　　常用的 Flash 数字动画导出格式有：SWF、AVI、MOV 和 GIF 等。这些不同的格式，应用于不同的领域。AVI、MOV 的格式数据量较大，常用于存储清晰度高，需长期保存的动画片，但因为 AVI 格式不支持播放 Flash 动画中的影片剪辑元件，所以 MOV 为 Flash 最常用动画导出格式。SWF 是 Flash 导出的常用文件格式，可包含丰富的视频、声音、程序、图形和动画内容，具有体量小，导出方便快捷的特点，常用于在互联网播放的 Flash 动画。GIF 是将多幅图像保存为一个图像文件，从而形成动画的一种压缩格式，因为体量极小，所以在互联网上应用广泛，如各类 QQ 表情、GIF 动图。

　　制作 Flash 动画的方法有很多，从 Flash 动画分类上讲大致分为三类：

1. Flash 遮罩动画

　　遮罩动画是 Flash 中重要的动画类型，很多效果丰富的动画都是通过遮罩动画来完成的。其原理是在遮罩层上创建一个任意形状的"视窗"，遮罩层下方的对象可以通过该"视窗"显示出来，而"视窗"之外的对象将不会显示。遮罩实现的方式多种多样，特别是和补间动画以及影片剪辑组件结合起来，可以创建千变万化的形式，例如：图像切换、光影特效等都是实用性很强的遮罩动画。

2．Flash 引导层动画

Flash 引导层动画是在 Flash 运动图形的图层上添加运动引导层，从而通过路径引导图形运动的动画形式，是 Flash 常用的动画技术。

3．Flash 逐帧与补间动画

Flash 逐帧动画是在 Flash 时间轴上通过绘制每一帧图形然后连续播放而产生的动画效果，优点是制作具有很强灵活性、能够制作出几乎任何视觉效果，缺点是工作量很大，不易修改；Flash 补间动画是在 Flash 时间轴上通过在两个关键帧中间添加补间，由计算机运算形成的动画效果，分为传统补间和形状补间两种类别，其优点是制作方便快捷，缺点是制作动画效果相对单一。

数字动画的设计、制作、发布等相关技术，就是数字动画技术。本章向读者提供三个常见的任务，学生在完成任务的过程中，可以了解数字动画技术的基本原理，掌握 Flash 数字动画的常用技术，熟悉数字动画的设计与制作流程。

任务一　制作光影动画文字

 ## 任务分析

本任务是使用光影动画的方法设计制作静态文字光影的动画效果。由于是静态文字的光影特效，没有大量的"补间动画"与"逐帧动画"，所以要使光影效果达到一定精度与速度才能增强画面的动感，这就需要把握一个"度"，要注意避免光影特效失真。此外，为了更好地体现动画效果，可以选择笔画较粗的字体，以增强光影效果，加强文字视觉冲击力。本任务静态效果如下所示。

本任务静态效果图

本任务的制作：光影动画文字。

使用的设备：电脑。

使用的软件：Adobe Flash Professional CS5.5。

 ## 制作方案设计

本任务制作的是具有光影效果的小动画。最终制作好的动画要保证生动、文字光影特效流畅，符合人的审美特性，具有较强应用性。制作时，要注意避免光影特效效果生硬，把握最终

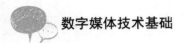

视觉风格定位，制定出具体的设计方案如下：

1. 选择笔画较粗的字体进行光影特效制作。
2. 选择适当颜色背景。
3. 设计生动的光影特效。

 操作技术要点

- 遮罩层动画的制作
- 光影特效层的制作
- 遮罩层与被遮罩层之间颜色的协调性
- 图层的打散
- 把握好"被遮罩层"的倾斜度

重要知识点解析

1. 遮罩层与被遮罩层

"遮罩层"必须至少有两个图层，上面的一个图层为"遮罩层"，下面的称"被遮罩层"；这两个图层中只有相重叠的地方才会被显示。也就是说，在遮罩层中有对象的地方就是"透明"的，可以看到被遮罩层中的对象，而没有对象的地方就是不透明的，"被遮罩层"中相应位置的对象是看不见的。

也可以制作多层遮罩动画，就是指一个"遮罩层"同时遮罩多个"被遮罩层"的遮罩动画。通常在制作时，系统只默认"遮罩层"下的一个图层为被遮罩层。

2. 生成遮罩层动画

新建一个图层 1，在图层 1 上输入"FLASH"，再新建一个图层 2，鼠标右击将其转化为遮罩层，在遮罩层图层 2 上输入与图层 1 上相同的文字，并在图层 1 的第 30 帧与遮罩层图层 2 的第 30 帧插入帧。

新建图层 3，在图层 3 上绘制一个矩形，运用渐变制作光影特效部分，如图知识点解析 1 所示，将图层 3 拖曳到遮罩层图层 2 的下面，遮罩层动画需要在变成遮罩层的图层 2 上右击，在快捷菜单中选择"遮罩层"，如图知识点解析 2 所示。

鼠标单击该项后，该图层变为如图知识点解析 3 所示。

知识点解析 1　制作光影特效部分

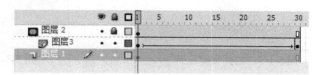

知识点解析 2　右击图层选择"遮罩层"选项　　　　知识点解析 3　引导层图示

　操作步骤　

1. 制作文字

（1）启动 Adobe Flash Professional CS5.5 软件，选中"ActionScript2.0"，如图 5-1-1 所示。单击"背景颜色"，将右侧的背景颜色改为黄色，如图 5-1-2 所示，其他选项为默认选项，单击"确定"按钮。

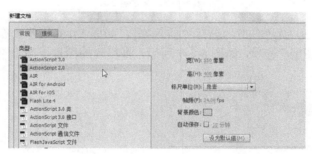

图 5-1-1　选择 ActionScript2.0

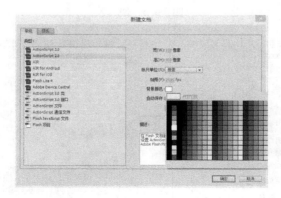

图 5-1-2　将背景设置为黄色

（2）在工具栏选择文本工具，在图层 1 中输入文字"FLASH"并调整字体和字号，选中文字，按键盘"Ctrl+B"将文字打散成图片，如图 5-1-3～图 5-1-5 所示。

图 5-1-3　选择文本工具　　　　　　　　　　图 5-1-4　调整字体和字号

图 5-1-5　文字样式

（3）在图层 1 第 30 帧处右击，选择"插入帧"，如图 5-1-6 所示，在图层 1 处右击，在快捷菜单中选择"复制图层"选项，如图 5-1-7 所示，将复制的图层 1 重命名为图层 2，如图 5-1-8 所示。

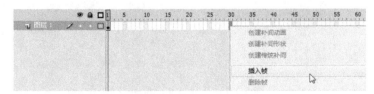

图 5-1-6　插入帧

图 5-1-7　选择"复制图层"选项　　　　　　图 5-1-8　将复制的图层 1 改为图层 2

（4）单击左下方的"新建图层"按钮，如图 5-1-9 所示，新建图层 3，并将图层 3 拖曳到图层 1 与图层 2 中间，如图 5-1-10 所示。

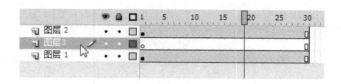

图 5-1-9　单击"新建图层"按钮　　　　图 5-1-10　拖曳图层 3 到图层 1 与图层 2 之间

2. 制作光影特效部分

（1）选择工具栏中"矩形工具"选项，单击图层 3 第 1 帧，在舞台文字旁边画出一个无边框的矩形，如图 5-1-11 所示。单击选中矩形，单击工具栏中"颜色"，选择"线性渐变"，然后调整色标，如图 5-1-12，图 5-1-13 所示。

图 5-1-11　画无边框矩形

图 5-1-12　调整属性

图 5-1-13　矩形效果

（2）单击选中矩形，右击，选择"转换为元件"选项，如图 5-1-14 所示，在弹出的对话框中选择"影片剪辑"选项，如图 5-1-15 所示，单击右下角"添加滤镜"按钮，选择"模糊"选项，如图 5-1-16 所示，调整品质及参数设置，如图 5-1-17 所示。

图 5-1-14　选择"转换为元件"选项

图 5-1-15　"转换为元件"对话框

图 5-1-16　选择"添加滤镜"菜单中"模糊"选项

图 5-1-17　调整品质及参数

（3）在菜单栏中选择任意形变工具，调整画好的矩形角度，如图 5-1-18 和图 5-1-19 所示。

图 5-1-18　选择任意形变工具

图 5-1-19　调整矩形角度

（4）在图层 3 第 30 帧处右击，在快捷菜单中选择"插入关键帧"。在 1～30 帧任意帧处右击选择"创建传统补间"选项，建立 1～30 帧的传统补间，如图 5-1-20 所示。单击图层 3 第 30 帧，将矩形移动到舞台文字的另外一边，如图 5-1-21 所示。

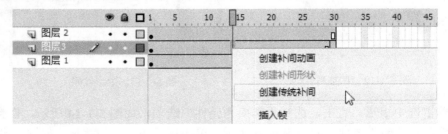

图 5-1-20　选择"创建传统补间"选项

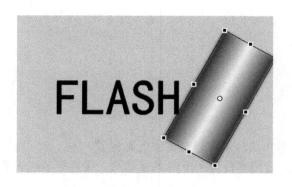

图 5-1-21 移动矩形

3. 制作遮罩层

右击图层 2，在快捷菜单中选择"遮罩层"，即生成遮罩层如图 5-1-22 和图 5-1-23 所示。

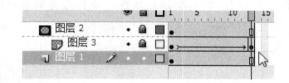

图 5-1-22 选择"遮罩层"选项   图 5-1-23 生成遮罩层

4. 成品输出

执行菜单中的"文件"→"发布设置"命令，如图 5-1-24 所示。打开"发布设置"对话框，选择文件输出的位置与格式，设置好文件名称，单击对话框中的"发布"按钮，将文件导出，如图 5-1-25 所示。

图 5-1-24 选项"发布设置"选项   图 5-1-25 设置导出格式

课后练习 ....

（1）利用本任务所学知识，制作静态文字光影特效。

（2）课后研究讨论，运用本任务所学的遮罩动画，探索更多形式的遮罩动画特效，并运用到不同风格的作品中。

任务二　制作昆虫爬过的动画效果

任务分析

本任务是使用引导层动画方法，设计制作昆虫爬过画面的动画效果。动画需要一张背景图片素材，由于是爬动的昆虫，运动路径随意性较大，但运动路线不能过于复杂，避免动作失真，要注意运动起始和终点位置。此外，为了更好地应用这一动画效果，可以将最终画面添加文字信息，增强应用性与动画延续性。本任务背景素材如下所示。

本任务背景素材

本任务素材位置：Flash 引导层动画\素材。

使用的设备：电脑。

使用的软件：Adobe Flash Professional CS5.5 软件。

制作方案设计

本任务是用引导层效果制作昆虫爬过的小动画。最终制作好的动画要保证生动、昆虫栩栩如生，具有较强娱乐性与应用性。制作时，首先要预览素材，把握最终视觉风格定位，制定出具体的设计方案如下：

1. 设计可爱、有趣的昆虫图形。
2. 选择可以与背景素材产生互动的运动路径方案。
3. 设计生动的昆虫爬行腿部运动方式。

操作技术要点

- "JPEG"文件的导入
- 昆虫图形的绘制
- 引导层动画的制作
- 调整到路径要点
- 图层的打散
- 时间轴控制的"STOP"

 ## 重要知识点解析

生成引导层动画

引导层动画需要在添加引导路径的图层右击，在快捷菜单中选择"添加传统运动引导层"选项，如图知识点解析 1 所示。鼠标单击该项后，该引导层变为如图知识点解析 2 所示。此时在引导层上绘制图层 2 上图形的运动路径，并在引导层 30 帧插入帧，在图层 2 上绘制一个图形，并在第 30 帧上插入一个关键帧，在图层 2 的第一帧上将图形的中心点对准运动路径的起点，在图层 2 第 30 帧将图形中心点对准运动路径终点，如图知识点解析 3、知识点解析 4 所示。右击图层 2 中间部分任意一帧，在快捷菜单中选择"创建传统补间"选项，生成运动引导层动画，最后在图层 2"属性面板"的"补间"中勾选"调整到路径"选项，如图知识点解析 5 所示。

知识点解析 1　选择"添加传统运动引导层"选项

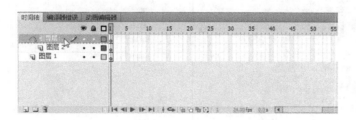

知识点解析 2　引导层图示

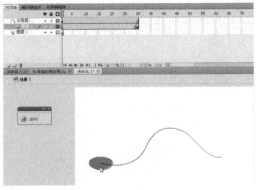

知识点解析3　首帧中心点对准路径起点　　　　知识点解析4　尾帧中心点对准路径终点

知识点解析5　选择"调整到路径"选项

 操作步骤　 START

1. 新建项目导入素材

（1）启动 Adobe Flash Professional CS5.5 软件，选中" ActionScript 2.0"，其他选项为默认选项，单击"确定"按钮，如图 5-2-1 所示。

图 5-2-1　选择 ActionScript 2.0

（2）在"文件"菜单的"导入"栏里，选择"导入到舞台"选项，如图 5-2-2 所示。选择指定的背景素材导入到舞台。

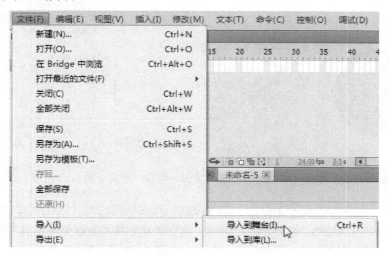

图 5-2-2 选择"导入到舞台"选项

2. 图形绘制

（1）打开"插入"菜单，选择"新建元件"选项，如图 5-2-3 所示，在"创建新元件"对话框中，新建影片剪辑元件，命名为元件 1，如图 5-2-4 所示。

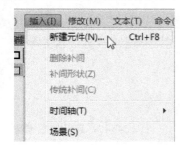

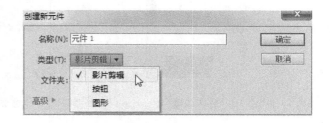

图 5-2-3 选择"新建元件"选项　　　　　　　　　图 5-2-4 新建影片剪辑元件

（2）在元件 1 中的图层 1 中，利用椭圆工具在舞台上拖曳鼠标右键绘制出一个椭圆，如图 5-2-5，图 5-2-6 所示。

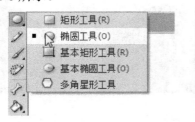

图 5-2-5 选中椭圆工具　　　　图 5-2-6 在舞台上拖曳鼠标右键绘制椭圆

（3）右键拖曳选中整个椭圆，如图 5-2-7 所示，单击"窗口"，打开"属性"面板，如图 5-2-8 所示，将笔触颜色调成黑色，笔触大小调整为 5.00，"填充颜色"调成红色，如图 5-2-9 所示。

图 5-2-7　全选椭圆及边缘　　图 5-2-8　　打开"窗口—属性"面板　　图 5-2-9　　调节颜色及边缘大小

（4）在红色椭圆旁边绘制一个白色小椭圆眼睛，单击椭圆边缘，右击选择"剪切"选项（也可单击键盘 delete）删除边缘，如图 5-2-10 所示，单击菜单栏中"任意变形工具"选项，如图 5-2-11 所示，将白色眼睛顺时针旋转一定角度（控制在 20 度至 45 度之间），如图 5-2-12 所示。

图 5-2-10　剪切边缘　　　　　图 5-2-11　任意变形工具　　　　图 5-2-12　旋转白色眼睛

（5）将白色小椭圆眼睛拖曳到红色椭圆（昆虫头部位置），如图 5-2-13 所示，选中白色椭圆，按"CTRL+C"组合键，再按"CTRL+V"组合键，复制白色椭圆，并使用"任意变形工具"做出对称眼睛，如图 5-2-14 所示，并将复制出的眼睛移位至适当位置，如图 5-2-15 所示。

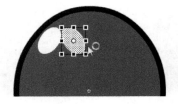
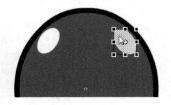

图 5-2-13　移动"眼睛"　　　　图 5-2-14　复制"眼睛"　　　　图 5-2-15　移动复制的眼睛

（6）在昆虫一旁绘制一个扁状椭圆，选中填充部分单击选择"剪切"选项，如图 5-2-16 所示，

选择椭圆边缘的上半部分弧线，选择剪切，留下下半部分弧线，如图 5-2-17 所示，将剩余

弧线拖曳到昆虫身上，如图 5-2-18 所示，单击多余部分，选择剪切，如图 5-2-19 所示，填充昆虫头部为深灰色，如图 5-2-20 所示。

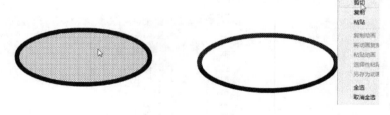

图 5-2-16　绘制扁椭圆删除填充　　　　图 5-2-17　选择剪切部分边缘　　　　图 5-2-18　移动剩余边缘

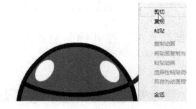

图 5-2-19　剪切多余边缘　　　　　　　　图 5-2-20　填充头部为黑色

（7）选择"直线工具"选项，如图 5-2-21 所示，绘制昆虫翅膀中线，效果如图 5-2-22 所示。

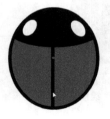

图 5-2-21　选择"直线工具"选项　　　　　　图 5-2-22　绘制翅膀中线

（8）选择"椭圆工具"选项，按住 Shift 键，在昆虫身上绘制大小不一的圆点共七个，效果如图 5-2-23 所示。

图 5-2-23　绘制七星瓢虫圆点效果

（9）在元件 1 中，分别单击新建图层 2、图层 3、图层 4、图层 5、图层 6、图层 7，六个图层，如图 5-2-24 所示，并将图层 1 拖曳至顶部，如图 5-2-25 所示，分别使用"直线工具"在每个层绘制出每个位置瓢虫腿部，如图 5-2-26 所示。

图 5-2-24　新建图层 2～7

图 5-2-25　将绘有瓢虫的图层 1 单击拖曳至顶

（10）在元件 1 中，将图层 1 的第 10 帧上选择插入帧，在其他图层的第 5、10 帧上选择插入关键帧，如图 5-2-27 所示。

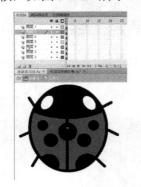

图 5-2-26　绘制腿部

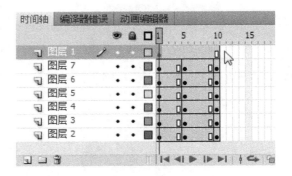

图 5-2-27　在图层 1 插入帧，在图层 2～7 插入关键帧

（11）将图层 1 隐藏，如图 5-2-28 所示，显示出已绘制的六条瓢虫腿部图形，并选择"任意变形工具"单击图层 7 的腿部图形。

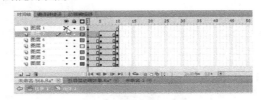

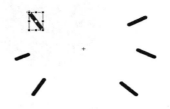

图 5-2-28　隐藏图层 1

（12）左击图层 7 每两个关键帧之间的任意帧，选择"创建传统补间"选项，如图 5-2-29 所示。

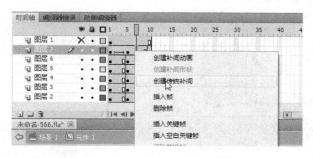

图 5-2-29 在图层 7 每两个关键帧之间"创建传统补间"

（13）将图层 7 的第 1、5、10 关键帧的图形中心轴移到腿部的根部，如图 5-2-30 所示。

（14）选择图层 7 第 5 帧的关键帧，选择"任意变形工具"，将第五帧上的腿部图形逆时针旋转 45 度左右，如图 5-2-31 所示，制作出单个腿部图形运动轨迹。

图 5-2-30 将中心移至腿部的根部位置　　　　　图 5-2-31 将第五帧图形逆时针旋转一定角度

（15）将图层 2、3、4、5、6 以同样方法，详见步骤 12、13、14，制作出其他腿部图形的运动轨迹，如图 5-2-32 所示。需要注意每个上下相邻的腿部图形旋转运动方向应为相反方向，以免整体运动效果失真，最后单击显示隐藏的图层 1，按"Enter"检查整体动作效果。

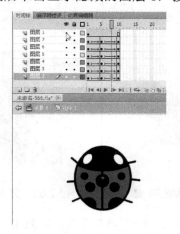

图 5-2-32 制作所有腿部图形运动轨迹

（16）单击舞台左侧上方"场景 1"图标，如图 5-2-33 所示，回到带有背景素材的场景 1 的舞台面板，单击"新建图层"，创建图层 2，如图 5-2-34 所示。

图 5-2-33　单击"场景 1"回到场景 1 面板　　　图 5-2-34　在场景 1 中单击"新建图层"

（17）单击按住"库"中的元件 1（即制作好的瓢虫元件），如图 5-2-35 所示，将其拖曳到图层 2 的舞台左侧位置，如图 5-2-36 所示，松开鼠标左键，如图所示 5-2-37 所示。

图 5-2-35　单击元件 1　　　　　　图 5-2-36　将元件 1 拖曳至舞台左侧

图 5-2-37　松开鼠标左键　　　　　图 5-2-38　将瓢虫调整至合适角度与大小

（18）选择图层 2，单击"任意变形工具"选项，将瓢虫元件调整到合适角度和大小，为瓢虫从左到右的运动引导层动画做准备，如图 5-2-38 所示，单击元件 1 瓢虫，选择"属性"单击

"滤镜"中的"投影",如图 5-2-39 所示,将投影"属性"面板数值调至如图 5-2-40 所示。

图 5-2-39 选择"投影"选项　　　　　　图 5-2-40 调整投影属性

（19）在场景 1 中,在图层 2（瓢虫元件层）时间轴第 150 帧上插入关键帧,在图层 1（背景素材层）第 150 帧上插入帧,如图 5-2-41 所示,将"帧频"调至"12",如图 5-2-42 所示。

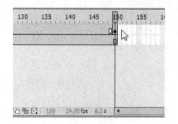
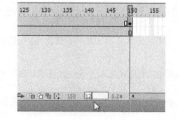

图 5-2-41 插入关键帧与帧　　　　　　图 5-2-42 将帧频改为"12"

（20）单击图层 2,选择"添加传统运动引导层"选项,如图 5-2-43 所示,在新建的引导层上选择"铅笔工具"选项,如图 5-2-44 所示,绘制一条瓢虫的运动路径,如图 5-2-45 所示。

注意:线条既不能过直,也不要过于弯曲,以免瓢虫运动效果失真。

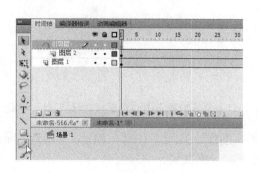

图 5-2-43 添加传统运动引导层　　　　图 5-2-44 在引导层上选择铅笔工具

147

图 5-2-45   在引导层上绘制一条瓢虫爬出画面的运动路径

（21）在图层 2 的时间轴上创建传统补间，如图 5-2-46 所示，将首帧瓢虫图形的中心点移动至引导路线左侧一端，如图 5-2-47 所示，将尾帧瓢虫图形移动至引导路线右侧一端，如图 5-2-48 所示，注意瓢虫中心点要对准引导路线首尾两端。

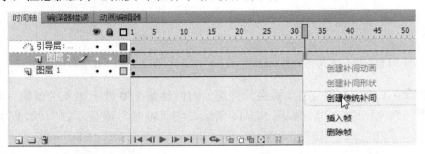

图 5-2-46   选择"创建传统补间"选项

图 5-2-47   将首帧瓢虫中心点移动至路线左侧一端   图 5-2-48   将尾帧瓢虫中心点移至另一端

（22）单击图层 2 补间中任意一帧，在"属性"面板中选中"调整到路径选项"，如图 5-2-49 所示，使瓢虫爬行更真实。

图 5-2-49　勾选调整到路径

（23）在图层 2 第 151 帧位置插入关键帧，如图 5-2-50 所示，并将其他图层补帧至 151，将图层 2 第 151 帧上的爬虫转化为位图，如图 5-2-51 所示，使得从这帧开始爬虫停止动作。

图 5-2-50　选择"插入关键帧"选项　　　　图 5-2-51　选择"转化为位图"选项

（24）在场景 1 每个图层的第 200 帧上插入帧，如图 5-2-52 所示，使得瓢虫停顿时间加长。

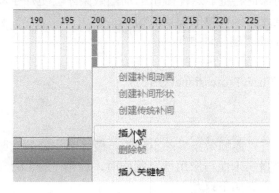

图 5-2-52　在第 200 帧上所有图层均插入帧

（25）选择"文件"中"发布预览"选项，选择"Flash"选项，如图 5-2-53 所示，观看最终动画效果。

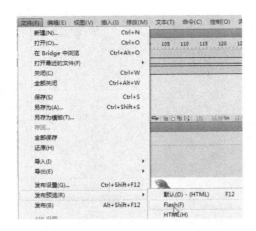

图 5-2-53　在"发布预览"菜单选中"Flash"观看动画效果

课后练习

（1）利用本任务素材，制作任意一种爬行昆虫的运动动画效果。

（2）利用本任务素材，制作任意一种飞行昆虫的运动动画效果。

（3）课后讨论，如何将背景素材与动画效果很好地结合，使画面得到统一中包含对比的效果？

任务三　制作逐帧动画——QQ 表情

 任务分析

这个任务是制作惊讶表情的动画效果，由于"惊讶"这一表情属于人的基本表情之一，所以制作效果必须符合人的惊讶特征。这样做出的动画效果才会更加生动、活泼。本任务尝试使用"逐帧动画"的方法设计制作人物的惊讶表情。

本任务制作方法：Flash "逐帧动画"。

使用的设备：电脑。

使用的软件：Adobe Flash Professional CS 5.5。

制作方案设计

这个任务制作的是具有"逐帧效果"的小动画。最终制作好的动画要保证生动、活泼、符合人的表情特征，具有较强娱乐性与应用性。制作时，运用 Flash 画出人物形象，把握最终视觉风格定位，具体的设计方案如下：

1. 设计生动、有趣的人物形象。

2. 设计符合人的面部表情的"逐帧动画"。

3. 制作出可以体现或者表达人物表情的"闪电"动画。

操作技术要点

- 图形制作
- 路径绘制
- 颜色填充
- 逐帧动画原理
- "逐帧动画"设计
- 在元件中编辑图形
- 元件面板与场景面板的切换

重要知识点解析

生成"逐帧动画"

"逐帧动画"需要一帧一帧地绘制，而且要求每一帧的动作都要有一个变化，但是动作幅度不宜太大，否则做出的动画效果会出现"卡"或"不连贯"等现象。

举一个简单的例子，首先选中第一帧，在第一帧上绘制一双"挤在一起"的眼睛，如图知识点解析 1 所示。

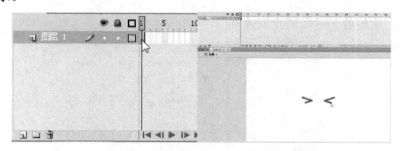

知识点解析 1　在第一帧绘制"挤在一起的"眼睛图形

在第二帧处右击，在快捷菜单中选择"插入关键帧"选项，将第一帧制作的图形删掉，再绘制一双闭着眼睛，如图知识点解析 2 所示。

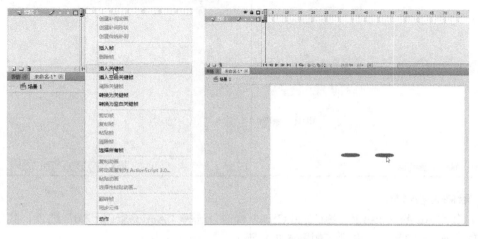

知识点解析 2　在第二帧绘制"闭着的眼睛"图形

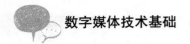

如上所述，在第三针插入"关键帧"，绘制一双微微睁开的眼睛，如图知识点解析 3 所示。

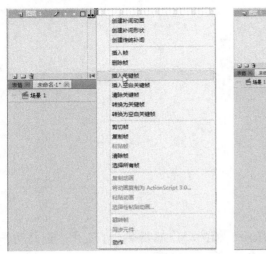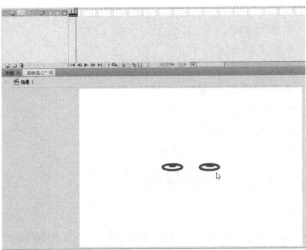

知识点解析 3　在第三帧绘制"微微睁开的眼睛"图形

为了让中间有一个停顿过程，可以在"第十帧"上插入"帧"，如图知识点解析 4 所示。播放预览画面，就能看到逐帧动画的效果。

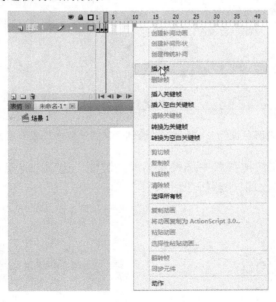

知识点解析 4　插入"帧"选项

 操作步骤　

1．绘制人物形象

（1）启动 Adobe Flash Professional CS5.5 软件，选择"ActionScript 2.0"选项，其他选项为默认选项，单击"确定"按钮，如图 5-3-1 所示。

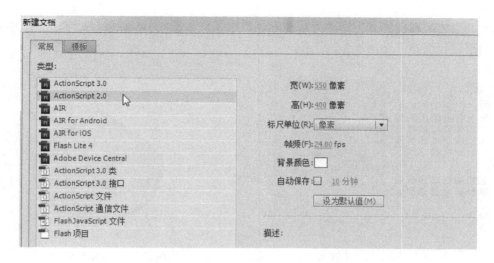

图 5-3-1　选择 ActionScript 2.0

（2）单击"插入"菜单，选择"新建元件"选项，如图 5-3-2 所示，在"创建新元件"对话框中，命名为"人物表情"，如图 5-3-3 所示。

图 5-3-2　选择"新建元件"选项　　　　　　图 5-3-3　新建影片剪辑元件

（3）在工具栏中选择"钢笔工具"选项，如图 5-3-4 所示，然后利用"钢笔工具"在第一帧绘制如图 5-3-5 所示图形。

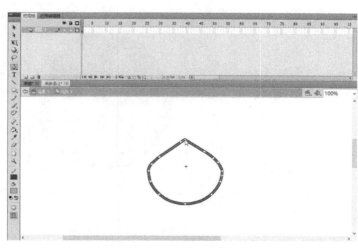

图 5-3-4　选择"钢笔工具"选项　　　　　　图 5-3-5　绘制图形

（4）利用"颜料桶工具"调整"填充颜色"选项，如图 5-3-6 所示，对准所画图形右击，将所画图形进行填充，如图 5-3-7 所示。

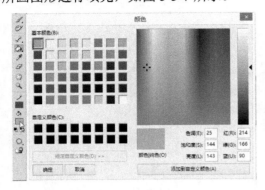

图 5-3-6　调整"填充颜色"

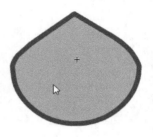

图 5-3-7　对图形进行填充

（5）同步骤（3）所示，利用"钢笔工具"将人物的头发画出来，如图 5-3-8 所示，利用"颜料桶工具"并调整"填充颜色"选项，如图 5-3-9 所示。然后对准所画图形右击，将头发进行填充，如图 5-3-10 所示。

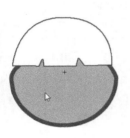

图 5-3-8　画出头发

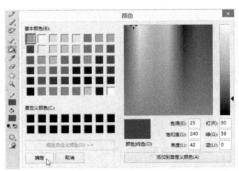

图 5-3-9　选择头发的填充颜色

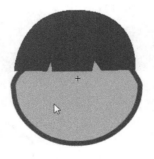

图 5-3-10　对头发进行填充

（6）如同步骤（4）、（5）所示，利用同样的方法将人物的眼睛、鼻子、嘴和耳朵画出来，并且调整到合适的位置，如图 5-3-11 所示。

图 5-3-11　画出人物的五官

（7）选择"椭圆工具"笔触颜色设置为"无"，如图 5-3-12 所示，再选择"填充颜色"为粉色，设置具体数值，如图 5-3-13 所示，然后在眼睛下侧画出人物的"腮红"，并且调整到合适的位置，如图 5-3-14 所示。

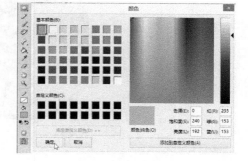

图 5-3-12　设置笔触颜色为"无"　　　　　　图 5-3-13　设置腮红的颜色

图 5-3-14　画出人物的腮红

（8）利用"颜料桶工具"和"钢笔工具"将人物舌头画出来并进行填充，如图 5-3-15 所示，这样人物形象的绘制就完成了，如图 5-3-16 所示。

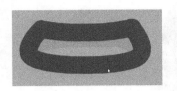

图 5-3-15　对口内进行填充

图 5-3-16　人物形象绘制完成

2. 制作"逐帧动画"

（1）在第二帧插入"关键帧"，将人物的五官做一个调整（包括将人物的眉毛和鼻子向上抬一点，嘴巴张大，眼睛由"挤在一起"变成微闭状态，头发可以根据个人喜好做一个微调），如图 5-3-17 所示。

图 5-3-17　调整五官 1

（2）按照上述方法所示在"第三帧"图画上将人物五官微调，如图 5-3-18 所示，以下"第四帧"如图 5-3-19 所示，"第五帧"如图 5-3-20 所示，分别做一些五官的调整，最后在第"三十帧"上插入一个"帧"。

图 5-3-18　调整五官 2

图 5-3-19　调整五官 3

图 5-3-20　调整五官 4

（3）选择"插入"菜单中的"新建元件"选项，如图 5-3-21 所示，在打开的"创建新元件"对话框中，命名为"闪电"，如图 5-3-22 所示。

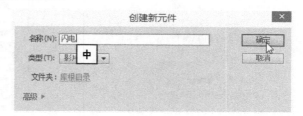

图 5-3-21　选择"新建元件"选项　　　　　图 5-3-22　新建影片剪辑元件

（4）在"第五帧"插入"关键帧"，如图 5-3-23 所示，将"填充颜色"设置为"黑色"，"笔触颜色"设置为"无"，运用"钢笔工具"画一道闪电，如图 5-3-24 所示。然后在"第六帧"插入"关键帧"，将"填充颜色"设置为"白色"，如图 5-3-25 所示。

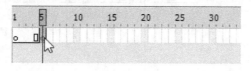

5-3-23　在"第五帧"插入"关键帧"

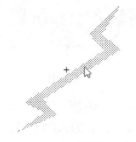

图 5-3-24　绘制闪电　　　　　　　图 5-3-25　将"填充颜色"设置为"白色"

（5）按住"Ctrl+shift"组合键的同时，选择第 5 帧和第 6 帧右击，在快捷菜单中选择"复

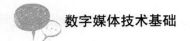
数字媒体技术基础

制帧"选项，在"第七帧"右击，选择"粘贴帧"选项，如图 5-3-26 所示，并连续粘贴到 30
帧，如图 5-3-27 所示，使闪电出现黑白闪动效果。

图 5-3-26　选择"复制帧"与"粘贴帧"选项

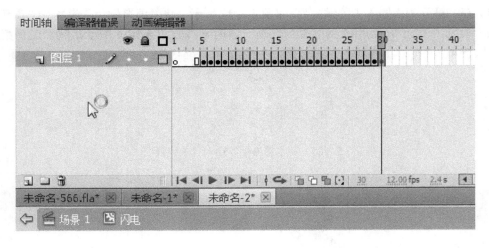

图 5-3-27　反复复制粘贴帧至 30 帧

（6）单击左上方的"场景 1"回到场景中，将人物表情的元件从右边的"库"中拖入到"舞
台上"并将"图层 1"改名为人物表情，如图 5-3-28 所示。单击左下方的"新建图层"按钮，
如图 5-3-29 所示。将"图层 2"改名为"闪电"，并将闪电图层拖到人物表情图层的下方，然
后将闪电的元件拖入到闪电图层中，如图 5-3-30 所示。

图 5-3-28 将人物表情元件拖入舞台

图 5-3-29 改名为"闪电" 图 5-3-30 将闪电元件拖曳到闪电图层

（7）新建一层图层，将其改名为"背景"，在"第五帧"插入"关键帧"，将"笔触颜色"设置为"无"，"填充颜色"设置为"白色"；然后运用"矩形工具"画一个与"舞台"大小相同的矩形，如图 5-3-31 所示。

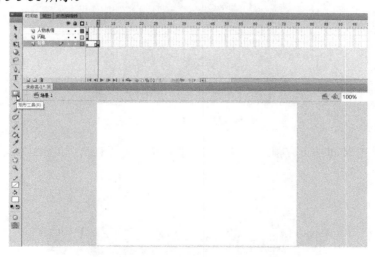

图 5-3-31 在"舞台"上画矩形

（8）在第 6 帧插入"关键帧"，将矩形的颜色改为"黑色"，如步骤（6）所示，将第 5 帧和第 6 帧不断复制粘贴到第 30 帧，使背景颜色出现与闪电颜色完全相反的黑白效果，即闪电为黑色时背景为白色，闪电为白色时背景为黑色，从而做出犹如闪电一击的夸张视觉效果。最后将"人物表情图层"和"闪电图层"的第 30 帧插入帧，如图 5-3-32 所示。

图 5-3-32　插入帧

（9）新建图层四，改名为"背景 1"，将笔触颜色设置为"无"，填充颜色设置为"蓝色"，运用"矩形工具"在第一帧绘制和"舞台"大小相同的矩形，如图 5-3-33 所示。

图 5-3-33　背景填充为蓝色

（10）最后单击时间轴下方帧速，将"帧"的速率改为"12"，如图 5-3-34 所示，整个动画制作完成。

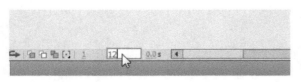

图 5-3-34　将"帧"的速率改为"12"

（11）选择"文件"，单击"发布设置"选项，如图 5-3-35 所示，选中"Flash（.swf）"复选框中，将"品质"设置为"100"，如图 5-3-36 所示。

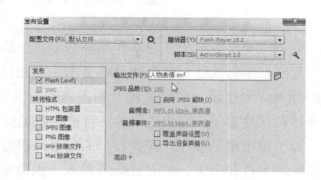

图 5-3-35　选择"发布设置"选项　　　　图 5-3-36　设置参数

课后练习 5

（1）运用本课堂所学闪电的视觉效果及复制、粘贴帧的方法，制作闪电下雨的效果。

（2）运用本课堂所学逐帧动画内容及方法，利用同一卡通形象制作出一系列的 QQ 表情。

（3）讨论利用 Flash 制作有趣、夸张的 QQ 表情的形式与方法有哪些？

反侵权盗版声明

电子工业出版社依法对本作品享有专有出版权。任何未经权利人书面许可,复制、销售或通过信息网络传播本作品的行为;歪曲、篡改、剽窃本作品的行为,均违反《中华人民共和国著作权法》,其行为人应承担相应的民事责任和行政责任,构成犯罪的,将被依法追究刑事责任。

为了维护市场秩序,保护权利人的合法权益,我社将依法查处和打击侵权盗版的单位和个人。欢迎社会各界人士积极举报侵权盗版行为,本社将奖励举报有功人员,并保证举报人的信息不被泄露。

举报电话:(010)88254396;(010)88258888

传　　真:(010)88254397

E-mail:　dbqq@phei.com.cn

通信地址:北京市万寿路173信箱

　　　　　电子工业出版社总编办公室

邮　　编:100036